The Development Strategy of
China's Engineering Science and Technology for 2035

中国工程科技 2035发展战略

 信息与电子领域报告

"中国工程科技2035发展战略研究"项目组

科学出版社

北　京

图书在版编目（CIP）数据

中国工程科技2035发展战略.信息与电子领域报告 / "中国工程科技2035发展战略研究"项目组编. —北京：科学出版社，2019.6
ISBN 978-7-03-061312-7

Ⅰ.①中…　Ⅱ.①中…　Ⅲ.①科技发展–发展战略–研究报告–中国②信息技术–科技发展–发展战略–研究报告–中国③电子技术–科技发展–发展战略–研究报告–中国　Ⅳ.①G322②F426.67–12

中国版本图书馆 CIP 数据核字（2019）第 107784 号

丛书策划：侯俊琳　牛　玲
责任编辑：邹　聪　王楠楠 / 责任校对：王　瑞
责任印制：师艳茹 / 封面设计：有道文化
编辑部电话：010-64035853
E-Mail：houjunlin@mail.sciencep.com

斜 学 出 版 社 出版
北京东黄城根北街16号
邮政编码：100717
http://www.sciencep.com
中国科学院印刷厂印刷
科学出版社发行　各地新华书店经销

*

2019 年 6 月第　一　版　开本：720×1000　1/16
2019 年 6 月第一次印刷　印张：7 1/4　插页：1
字数：120 000
定价：68.00 元
（如有印装质量问题，我社负责调换）

中国工程科技 2035 发展战略研究
联合领导小组

组　长：周　济　杨　卫
副组长：赵宪庚　高　文
成　员（以姓氏笔画为序）：

王长锐　王礼恒　尹泽勇　卢锡城　孙永福
杜生明　李一军　杨宝峰　陈拥军　周福霖
郑永和　孟庆国　郝吉明　秦玉文　柴育成
徐惠彬　康绍忠　彭苏萍　董尔丹　韩　宇
黎　明

联合工作组

组　长：吴国凯　郑永和
成　员（以姓氏笔画为序）：

孙　粒　李艳杰　李铭禄　吴善超　张　宇
黄　琳　龚　旭　董　超　樊新岩

中国工程科技 2035 发展战略丛书

编 委 会

主 任：周 济 杨 卫

副主任：赵宪庚 高 文 王礼恒

编 委（以姓氏笔画为序）：

项目办公室

主　任：吴国凯　郑永和

成　员（以姓氏笔画为序）：

孙　粒　李艳杰　张　宇　黄　琳　龚　旭

工　作　组

组　长：王崑声

副组长：黄　琳　龚　旭　周晓纪

成　员（以姓氏笔画为序）：

丁淑富　马　飞　王亚琼　王宏伟　王晓俊

王爱红　王海风　左家和　白　雁　刘　奕

安　达　孙　粒　孙胜凯　李冬梅　李铭禄

李凭峰　但智钢　宋　超　张　勇　张　莉

张　健　张　博　张文韬　陈进东　范桂梅

周　源　宗玉生　胡良元　侯超凡　袁建华

夏登文　唐海英　黄海涛　崔　剑　梁桂林

董　超　满　璇　裴　钰　阚晓伟　谭宗颖

樊新岩　魏　畅

中国工程科技 2035 发展战略·
信息与电子领域报告
编委会

总　序

科技是国家强盛之基，创新是民族进步之魂，而工程科技是科技向现实生产力转化过程的关键环节，是引领与推进社会进步的重要驱动力。当前，中国特色社会主义进入新时代，党的十九大提出了2035年基本实现社会主义现代化的发展目标，要贯彻新发展理念，建设现代化经济体系，必须把发展经济的着力点放在实体经济上，把提高供给体系质量作为主攻方向，显著增强我国经济质量优势。我国作为一个以实体经济为主带动国民经济发展的世界第二大经济体，以及体现实体经济发展与工程科技进步相互交织、相互辉映的动力型发展体，工程科技发展在支撑我国现代化经济体系建设，推动经济发展质量变革、效率变革、动力变革中具有独特的作用。习近平总书记在2016年"科技三会"① 上指出，"国家对战略科技支撑的需求比以往任何时期都更加迫切"，未来20年是中国工程科技大有可为的历史机遇期，"科技创新的战略导向十分紧要"。

2015年始，中国工程院和国家自然科学基金委员会联合组织开展了"中国工程科技2035发展战略研究"，以期集聚群智，充分发挥工程科技战略对我国工程科技进步和经济社会发展的引领作用，"服务决策、适度超前"，积极谋划中国工程科技支撑高质量发展之路。

---

① "科技三会"即2016年5月30日召开的全国科技创新大会、中国科学院第十八次院士大会和中国工程院第十三次院士大会、中国科学技术协会第九次全国代表大会。

第一，中国经济社会发展呼唤工程科技创新，也孕育着工程科技创新的无限生机。

创新是引领发展的第一动力，科技创新是推动经济社会发展的根本动力。当前，全球科技创新进入密集活跃期，呈现高速发展与高度融合态势，信息技术、新能源、新材料、生物技术等高新技术向各领域加速渗透、深度融合，正在加速推动以数字化、网络化、智能化、绿色化为特征的新一轮产业与社会变革。面向 2035 年，世界人口与经济持续增长，能源需求与环境压力将不断增大，而科技创新将成为重塑世界格局、创造人类未来的主导力量，成为人类追求更健康、更美好的生活的重要推动力量。

习近平总书记在 2018 年两院院士大会开幕式上讲到："我们迎来了世界新一轮科技革命和产业变革同我国转变发展方式的历史性交汇期，既面临着千载难逢的历史机遇，又面临着差距拉大的严峻挑战。"从现在到 2035 年，是将发生天翻地覆变化的重要时期，中国工业化将从量变走向质变，2020 年我国要进入创新型国家行列，2030 年中国的碳排放达到峰值将对我国的能源结构产生重大影响，2035 年基本实现社会主义现代化。在这一过程中释放出来的巨大的经济社会需求，给工程科技发展创造了得天独厚的条件和千载难逢的机遇。一是中国将成为传统工程领域科技创新的最重要战场。三峡水利工程、南水北调、超大型桥梁、高铁、超长隧道等一大批基础设施以及世界级工程的成功建设，使我国已经成为世界范围内的工程建设中心。传统产业升级和基础设施建设对机械、土木、化工、电机等学科领域的需求依然强劲。二是信息化、智能化将是带动中国工业化的最佳抓手。工业化与信息化深度融合，以智能制造为主导的工业 4.0 将加速推动第四次工业革命，老龄化社会将催生服务型机器人的普及，大数据将在城镇化过程中发挥巨大作用，天网、地网、海网等将全面融合，信息工程科技领域将迎来全新的发展机遇。三是中国将成为一些重要战略性新兴产业的发源地。在我国从温饱型社会向小康型社会转型的过程中，人民群众的消费需求不断增长，将创造令世界瞩目和羡慕的消费市场，并将在一定程度上引领全球消费市场及相关行业的发展方向，为战略性新兴产业的形成与发展奠定坚实的基础。四是中国将是生态、能源、资源环境、医疗卫生等领域工程科技创新的主战场。尤其是在页岩气开发、碳排放减量、核能利用、水污染治理、土壤修复等方面，未来 20 年中国需求巨大，给能源、节能环保、医疗保健等产业及其相关工程领域创造了难得的发展机遇。五是中国的国防现代化建设、航空航天技术与工程的跨越式发展，给工程科技领域提出了更多更高的要求。

为了实现 2035 年基本实现社会主义现代化的宏伟目标，作为与经济社会联系最紧密的科技领域，工程科技的发展有较强的可预见性和可引导性，更有可能在"有所为、有所不为"的原则下加以选择性支持与推进，全面系统地研究其发展战略显得尤为重要。

第二，中国工程院和国家自然科学基金委员会理应共同承担起推动工程科技创新、实施创新驱动发展战略的历史使命。

"工程科技是推动人类进步的发动机，是产业革命、经济发展、社会进步的有力杠杆。"[①] 习近平总书记在 2016 年"科技三会"上指出："中国科学院、中国工程院是我国科技大师荟萃之地，要发挥好国家高端科技智库功能，组织广大院士围绕事关科技创新发展全局和长远问题，善于把握世界科技发展大势、研判世界科技革命新方向，为国家科技决策提供准确、前瞻、及时的建议。要发挥好最高学术机

[①]　参见习近平总书记2018年5月28日在中国科学院第十九次院士大会和中国工程院第十四次院士大会上的讲话。

构学术引领作用,把握好世界科技发展大势,敏锐抓住科技革命新方向。"这不仅高度肯定了战略研究的重要性,而且对战略研究工作提出了更高的要求。同时,习近平总书记在 2018 年两院院士大会上指出,"基础研究是整个科学体系的源头。要瞄准世界科技前沿,抓住大趋势,下好'先手棋',打好基础、储备长远";"要加大应用基础研究力度,以推动重大科技项目为抓手";"把科技成果充分应用到现代化事业中去"。

中国工程院是国家高端科技智库和工程科技思想库;国家自然科学基金委员会是我国基础研究的主要资助机构,也是我国工程科技领域基础研究最重要的资助机构。为了发挥"以科学咨询支撑科学决策,以科学决策引领科学发展"①的制度优势,双方决定共同组织开展中国工程科技中长期发展战略研究,这既是充分发挥中国工程院国家工程科技思想库作用的重要内容和应尽责任,也是国家自然科学基金委员会引导我国科学家面向工程科技发展中的科学问题开展基础研究的重要方式,以及加强应用基础研究的重要途径。2009 年,中国工程院与国家自然科学基金委员会联合组织开展了面向 2030 年的中国工程科技中长期发展战略研究,并决定每五年组织一次面向未来 20 年的工程科技发展战略研究,围绕国家重大战略需求,强化战略导向和目标引导,勾勒国家未来 20 年工程科技发展蓝图,为实施创新驱动发展战略"谋定而后动"。

第三,工程科技发展战略研究要成为国家制定中长期科技规划的重要基础,解决工程科技发展问题需要基础研究提供长期稳定支撑。

工程科技发展战略研究的重要目标是为国家中长期科技规划提供

---

① 参见中共中央办公厅、国务院办公厅联合下发的《关于加强中国特色新型智库建设的意见》。

有益的参考。回顾过去，2009 年组织开展的"中国工程科技中长期发展战略研究"，为《"十三五"国家科技创新规划》及其提出的"科技创新 2030—重大项目"提供了有效的决策支持。

党的十八大以来，我国科技事业实现了历史性、整体性、格局性重大变化，一些前沿方向开始进入并行、领跑阶段，国家科技实力正处于从量的积累向质的飞跃、由点的突破向系统能力提升的重要时期。为推进我国整体科技水平从跟跑向并行、领跑的战略性转变，如何选择发展方向显得尤其重要和尤其困难，需要加强对关系根本和全局的科学问题的研究部署，不断强化科技创新体系能力，对关键领域、"卡脖子"问题的突破作出战略性安排，加快构筑支撑高端引领的先发优势，才能在重要科技领域成为领跑者，在新兴前沿交叉领域成为开拓者，并把惠民、利民、富民、改善民生作为科技创新的重要方向。同时，我们认识到，工程科技的前沿往往也是基础研究的前沿，解决工程科技发展的问题需要基础研究提供长期稳定支撑，两者相辅相成才能共同推动中国科技的进步。

我们期望，面向未来 20 年的中国工程科技发展战略研究，可以为工程科技的发展布局、科学基金对应用基础研究的资助布局等提出有远见性的建议，不仅形成对国家创新驱动发展有重大影响的战略研究报告，而且通过对工程科技发展中重大科学技术问题的凝练，引导科学基金资助工作和工程科技的发展方向。

第四，采用科学系统的方法，建立一支推进我国工程科技发展的战略咨询力量，并通过广泛宣传凝聚形成社会共识。

当前，技术体系高度融合与高度复杂化，全球科技创新的战略竞争与体系竞争更趋激烈，中国工程科技 2035 发展战略研究，即是要面向未来，系统谋划国家工程科技的体系创新。"预见未来的最好办法，就是塑造未来",站在现在谋虑未来、站在未来引导现在,将国家需求同工程科技发展的可行性预判结合起来,提出科学可行、具有中国特色的工程科技发展路线。

因此,在项目组织中,强调以长远的眼光、战略的眼光、系统的眼光看待问题、研究问题,突出工程科技规划的带动性与选择性,同时,注重研究方法的科学性和规范性,在研究中不断探索新的更有效的系统性方法。项目将技术预见引入战略研究中,将技术预见、需求分析、经济预测与工程科技发展路径研究紧密结合,采用一系列规范方法,以科技、经济和社会发展规律及其相互作用为基础,对未来 20 年科技、经济与社会协同发展的趋势进行系统性预见,研究提出面向 2035 年的中国工程科技发展的战略目标和路径,并对基础研究方向部署提出建议。

项目研究更强调动员工程科技各领域专家以及社会科学界专家参与研究,以院士为核心,以专家为骨干,组织形成一支由战略科学家领军的研究队伍,并通过专家研讨、德尔菲专家调查等途径更广泛地动员各界专家参与研究,组织国际国内学术论坛汲取国内外专家意见。同时,项目致力于搭建我国工程科技战略研究智能决策支持平台,发展适合我国国情的科技战略方法学。期望通过项目研究,不仅能够形成有远见的战略研究成果,同时还能通过不断探索、实践,形成战略研究的组织和方法学成果,建立一支推进工程科技发展的战略咨询力量,切实发挥战略研究对科技和经济社会发展的引领作用。

在支撑国家战略规划和决策的同时,希望通过公开出版发布战略研究报告,促进战略研究成果传播,为社会各界开展技术方向选择、战略制定与资源优化配置提供支撑,推动全社会共同迎接新的未来和发展机遇。

　　展望未来，中国工程院与国家自然科学基金委员会将继续鼎力合作，发挥国家战略科技力量的作用，同全国科技力量一道，围绕建设世界科技强国，敏锐抓住科技革命方向，大力推动科技跨越发展和社会主义现代化强国建设。

中国工程院院长：李晓红院士
国家自然科学基金委员会主任：李静海院士
2019 年 3 月

前　言

一、研究背景和宗旨

党的十九大报告指出："要瞄准世界科技前沿，强化基础研究，实现前瞻性基础研究、引领性原创成果重大突破。加强应用基础研究，拓展实施国家重大科技项目，突出关键共性技术、前沿引领技术、现代工程技术、颠覆性技术创新，为建设科技强国、质量强国、航天强国、网络强国、交通强国、数字中国、智慧社会提供有力支撑。加强国家创新体系建设，强化战略科技力量。"这些重要论述深刻揭示了科技发展领域的根本性、方向性、全局性问题，为我国全面实施创新驱动发展战略指明了前进的方向，提供了根本遵循。

作为当前最具创新性、融合性和前沿性的科技发展领域之一，信息与电子领域近年来发展迅速，新技术、新应用不断涌现，深刻改变了人类的生产生活方式，并由于其"使能技术"的特点，其对几乎所有领域都产生着深刻的影响，正在引发新一轮科技革命和产业变革，将给人类社会发展带来新的机遇和挑战。在我国实施全面深化改革和创新驱动发展战略的大背景下，如何前瞻布局、统筹规划，更好地发挥信息与电子工程科技研究对国家经济社会发展、科技进步的重要推动作用，显得尤为关键。

《中国工程科技 2035 发展战略·信息与电子领域报告》旨在对我国2035 年经济社会发展需求和电子信息技术发展趋势进行科学预见及战略谋划，为我国信息与电子工程科技的未来发展提供科学的决策依据和对策建议。本书的研究目标是预测和判断国内外信息与电子技术的发展趋势，筛选信息与电子领域关系全局和长远发展的战略领域及优先方向，提出与之相适应的发展思路和战略目标，遴选信息与电子领域的关键技术、重要共性技术和重要颠覆性技术，研究提出重点领域工程科技发展路线图，给出需优先支持的基础研究方向建议、重大工程建议和重大工程科技专项建议。

二、研究工作组织及开展情况

信息与电子领域课题组的组织架构包括指导组、领导组、专题组。其中领导组下设由院士联络人组成的学术秘书组，专题组下设工作组。按照研究专业内容分为三个专题，共计九个子领域方向。专题一包括测量技术、使能技术、光电应用。专题二包括感知技术、通信与网络、网络空间安全。专题三包括计算技术、应用软件技术、智能与控制。各专题的研究任务主要包括：收集重大工程愿景，开展子领域技术预见工作；进行子领域战略研究，提出子领域的技术发展方向和关键技术，编写子领域研究报告等。

课题研究发挥信息与电子领域院士、专家的集体智慧，采用文献研究与德尔菲法相结合、技术预见与需求分析相结合的研究方法，使用了技术路线图等科学研究手段。其中，技术预见工作以德尔菲法为主，主要通过广泛的调查，识别优先发展技术领域和技术项目。技术路线图绘制过程中，引入技术成熟度方法研究重点技术从技术攻关到产业应用的技术发展过程，评价信息领域关键技术未来发展的可行性，明确时间阶段，以更好地体现"需求—技术—产业"的发展过程及相关阶段优先项目的选择和政策支持。

三、研究过程及成果概述

根据"总—分—综"的研究思路，本书首先开展了工程科技发展愿景分析，为后续研究提供参考；其次以文献计量、专利分析、专家调查、技术研讨等手段为支撑，开展技术预见，识别优先发展技术领域和技术项目；最后将技术预见与需求分析相结合，凝练出与重大工程、重要产业方向相关的重点技术领域，并给出技术发展优先级方面的判断，努力为我国信息与电子工程科技未来发展提供科学的决策依据和对策建议。本书最终形成如下研究成果。

（1）备选技术清单。通过前期研究、愿景分析、备选技术清单形成、德尔菲调查以及集成分析论证，信息与电子领域课题技术预见的第一轮调查最终形成了9个子领域、51项备选技术清单。第二轮德尔菲调查，通过多轮专家研讨和备选技术补充征集，在第一轮调查结果的基础上进一步收敛，凝练出面向2035信息与电子工程科技更具有代表性、前瞻性的39项重要技术。

（2）技术预见分析。针对现有的备选技术清单，课题组以问卷调查的形式邀请中国工程院院士和国家自然科学基金委员会推荐的领域知名专家开展了广泛而深入的专家研判工作。通过征集专家的意见，包括对技术项的熟悉程度、单项重要性、综合重要性等，信息与电子领域课题组对问卷调查结果进行了分析，结合各领域院士和专家的综合研判意见，遴选出了关键技术、重要共性技术和重要颠覆性技术，并分析了技术方向的研发水平和实现时间、技术发展制约因素等部分内容，为我国信息与电子工程科技的战略部署提供了参考依据。

（3）发展战略研究报告。课题组通过专家意见征集、集中研讨、文献分析等方法，在专题组研究报告的基础上进一步凝练与论证，形成信息与电子领域发展战略研究报告。研究报告的主要内容包括：面向2035的信息与电子工程科技发展态势；面向2035的国家发展对信息与电子工程科技的需求；对各子领域技术方向的技术发展能力和约束条件进行预见分析；形成信息与电子领域的发展思路和战略目标；提出信息与电子领域重点任务和发展路径。课题研究最终提出适应自然环境的视觉认知计算理论及方法等7项基础研究方向建议，高性能计算工程、光电子与光网络工程、天基全球监测工程和数据安全工程4项重大工程建议，以及先进集成电路、新型网络体系和智能健康信息技术3项重大工程科技专项建议。作为课题最终研究成果的重要部分，作者希望"7+4+3"的基础研究方向建议、重大工程建议、重大工程科技专项建议能够引起各方重视，对我国一些关键领域超前布局、夯实基础、实现跨越式发展，起到一些积极的推动作用。

　　本书得到了中国工程院信息与电子工程学部多位院士的关心指导，凝聚了数十位研究专家的努力与心血，在此一并致谢。

　　由于技术预见本身具有很高的难度，且存在着不可避免的主观性，加上编者水平有限，书中难免存在一些不足之处，敬请读者批评指正。

《中国工程科技 2035 发展战略·
信息与电子领域报告》编委会
2018 年 4 月 19 日

目　　录

第一章
全球信息与电子工程科技发展态势

第一节 全球信息与电子工程科技宏观发展态势

一、前沿技术持续取得突破，孕育群体性技术新变革

当前，全球新一轮科技革命和产业变革方兴未艾，科技创新正加速推进，并深度融合、广泛渗透到人类社会的各个方面，成为重塑世界格局、创造人类未来的主导力量。作为全球创新驱动发展的先导性力量，电子信息技术在取得自身群体性突破的同时，带动了整个高新技术的群体性突破。在前沿基础研究方面，宏观拓展与微观深入并举，新技术、新应用、新模式不断涌现，并由此催生了群体性突破和颠覆性变革。一方面，随着感知观测技术的不断发展，人类的认知空间不断向深海、深空拓展，探寻宇宙奥秘，认知复杂系统。另一方面，随着在认知技术、高性能计算、集成电路等核心领域的不断突破，原有技术架构和发展模式加速了代际跃迁。电子信息技术与制造、能源、生物等领域的融合，引发着以智能、绿色、泛在为特征的群体性突破。总体来说，电子信息技术逐渐成为引领其他领域技术创新的重要动力和支撑，成为国家实施创新驱动发展战略的关键环节，形成全球创新驱动发展的先导力量。

二、颠覆性技术加速集聚，催生社会生产力新飞跃

电子信息技术是颠覆性技术的集聚区，以大数据、人工智能、未来网络、虚拟现实、量子信息、无人技术为代表的电子信息颠覆性技术正成为全球研发的焦点，将对未来科技基础技术、产业、应用等多方面产生深远影响。信息技术正深入交叉融合到生物科技、新能源、新材料与先进制造等战略性新兴产业中。物联网、智能制造、智能材料、3D 打印等新兴技术和产业形态，将有力地促进人类生产方式的转型升级。新型计算模式，如量子计算、光子计算、类脑计算等，为大科学、大工程、大数据的研究带来突破，为人类攀登科学新高峰提供了工具。电子信息技术将为金融、能源、通信、高端制造等涉及国计民生的重要领域孕育出变革式应用，不断创造新产品、新需求、新业态，为经济社会发展提供前所未有的驱动力，进而推动经济格局和产业形态深刻调整，成为提升国家竞争力的重要推动力量。

三、技术应用全方位渗透，带来人类生产生活新方式

如今，电子信息技术的快速发展全方位地改变了人类的生产生活方式。数据已成为人类生产重要的基础性资源和重要生产力，云计算为数据资源的大规模生产、分享和应用提供了广阔的空间。网络与通信呈现出万物互联、广域覆盖、超高带宽、智能泛在的趋势特征，为人类经济生活提供了丰富高效的工具与平台。电子信息技术催生出以工业互联网、能源互联网、物联网为代表的新产业模式，使社会经济形态向数字化、网络化方向发展，由此促进了产业的升级与变革。智慧地球、智慧城市、智能机器人等应用不断拓展，通过时刻在线、无处不在的信息网络环境，对人类生活工作做出全方位、实时化、智能化的响应，并以此推动人类生产生活方式、产业发展模式发生深刻变革。

四、技术制高点博弈日益激烈，影响世界竞争新格局

电子信息技术是近年来全球研发投入最为集中、创新最为活跃、应用

最为广泛、辐射带动作用最大的技术创新领域之一，是全球技术创新的竞争高地，也是国家的竞争焦点和战略必争领域。随着网络信息世界与自然世界和人类社会的深度交融，电子信息技术的发展正在深刻改变着全球经济格局、利益格局、安全格局，引领各国走向经济－社会－文化的多元重塑与变革。

科技创新是提高社会生产力和综合国力的战略支撑，必须把科技创新摆在国家发展全局的核心位置。美国、德国、英国、俄罗斯和日本等世界科技强国都已经深刻认识到科技创新对提高社会生产力和综合国力的战略支撑作用，均把电子信息技术的创新摆在国家发展全局的核心位置，接连出台了国家层面的科技战略计划，以重大工程建设为牵引，组织多个科研以及工程单位协同发展，解决一系列关键工程科学问题，带动了一批具有辐射效应的新技术的创新与发展，促进了经济和社会的快速发展。作为高科技的重要代表，中国近年来快速发展的电子信息技术势必为新一轮科技革命和产业变革提供重大机遇，使产业和经济竞争的主赛场发生转移。国家在高科技领域的重大突破，势必将极大地振奋民族精神，并提升国家的国际地位。

第二节　面向 2035 的信息与电子工程科技发展态势

当今世界，电子信息技术创新日新月异，以数字化、网络化、智能化为特征的信息化浪潮蓬勃兴起。新技术、新应用、新模式不断涌现，各主要技术领域加速代际跃迁，技术路线深刻调整，不断挑战技术发展的"天花板"，加速孕育群体性技术变革。未来，电子信息技术将在科技创新的高度、深度、广度上进入一个全新的时代，推动各行各业向跨领域、协同集成、交叉融合的方向发展。

一、计算与控制技术向高性能、高精准、网络化方向发展

计算能力的快速提升和控制技术的突破主要体现在高性能计算、新型计

算、系统软件、通用软件、专用软件、智能控制、智能物联等研究领域。这些技术向高性能、高可扩、高精准、网络化、智能化等方向发展，计算与控制技术的创新应用及突破将对电子信息技术和经济社会发展产生深远影响。

（一）计算技术向超高性能、超低功耗、超高通量方向发展

高能核物理、空间科学、材料科学、生命科学与人工智能等研究领域数据密集的趋势越来越明显，相关产业部署进程加快，推动了高性能计算及新型计算技术的能力突破。大规模并行体系结构、高能效处理器、新型存储器件及存储体系结构、高速低功耗互联网络、大规模并行算法和编程模型等技术难点逐步突破，给翻越百亿亿次（10^{18} 次 / 秒，EFLOPS）计算的访问墙、通信墙和能耗墙降低功耗水平、提升并行计算扩展能力带来希望。

从长远来看，计算机系统及软件的基本理论、体系架构可能发生根本性变化。运用非传统材料和工艺，制造超高性能、超低功耗、超高通量、超大存储的计算和存储芯片成为趋势。以量子计算、光子计算、生物计算、类脑计算为代表的新型计算可能引发大规模计算能力和仿真能力的飞跃，为构建下一代电子信息技术奠定基础。目前，类脑计算已经实现了小规模系统演示；光子计算渐露曙光，研制出了具有零折射率的片上材料，允许光线被人为操纵而不失能量；量子计算出现了玻色采样等计算模型和 Shor 算法等算法，实现了 10 个左右小规模比特纠缠态制备与操控，预计到 2025 年，量子计算有望达到当今世界最快的超级计算机的水平。

（二）精准智能控制与人机共融机遇挑战并存

人工智能、物联网技术与自动化融合后为传统的制造业、工业自动化等赋予了新的能力，这些能力正在引领产业的升级和优化，也赋予了消费者更多的选择和更高品质的生活。多种工业机器人应用于现代化工业生产，而且机器人的动作种类和精细控制程度不断提升，环境适应能力在增强。例如，2016 年美国波士顿动力公司研制的人形机器人 Atlas 已经可以在室内、室外复杂环境中直立行走并自主穿过雪地，可以用双手举起物体并完成搬运任务，摔倒后可以自己站起来。虽然 Atlas 还由人类控制，但控

制它已不是一件容易的事，需要复杂的计算程序，而不是简单的操纵杆。

　　未来精准智能控制与人机共融仍然存在着挑战。一是精准与智能水平并重的挑战。现有控制技术的精准程度已达较高水平，但机器的智能程度仍需增强，人机之间、机器之间仍未实现网络化环境下的广泛互联互通。流程工业的调控越来越需要复杂分析、精确判断和创新决策，需要利用知识自动化发展智慧企业。无论工业生产还是社会生活，都需要更加智能的控制技术。二是人机共融与物物互联的挑战。控制领域当前面临的主要挑战在于感知弱、智能低、联通难、标准缺。具体而言，机器人的环境感知、信息获取、协同控制等能力仍需提高，对人类意图的理解能力亟待增强，脑电信号、生物电信号等数据的获取及处理技术，以及人、设备与产品的有效交互和智能控制技术等刚刚起步。当前的物联网体系结构面对规模庞大、异质性显著、数据交换方式多样的互联对象缺乏统一标准，难以实现"物物互联、万物互联"。

二、通信与网络向广域覆盖、超高带宽、智能泛在方向发展

　　当前，全球网络技术快速升级演进，重大技术变革加速孕育。光传送网、移动通信网、数据通信网、固定宽带接入等核心技术快速创新，新一代光网络、新一代移动通信、未来网络等新领域快速发展，高速宽带、智能融合、天地一体的新型网络通信基础设施加速构建，一场以开放融合、代际跃迁为特征的网络技术革命正在加速孕育。

（一）信息与网络向千亿级人-网-物三元互联方向发展

　　未来二十年，网络与通信技术的发展方向是三元万物互联，连接整个世界，连接数量从百亿级发展到千亿级，从人-网二元互联发展到人-网-物三元和多元互联，从地面的平面互联发展到空间三维互联及外太空和星际互联，具有超乎想象的感知、传输、处理和存储能力，网络数据总量将从 TB 和 PB 级快速发展到 EB、ZB、YB 和 BB 级。人类赖以生存的环境正加速从以人类世界和物理世界为主，变化为物理世界、人类世界与网络

世界互联和深度融合的世界，呈现出千亿级人－网－物三元互联、广域覆盖、宽带移动、软件定义网络与智能泛在的特点。人类社会和物理世界不断被网络化、数据化，国家的疆域由陆海空天转变为"陆海空天＋网络空间"。到 2035 年，大数据、智能化、移动互联网和云计算彼此相互促进，网络数据总量将大幅度提高，成为网络互联的重要技术载体和推动力。

（二）网络与通信需重大原理性突破来推动后续发展

未来二十年前后，网络与通信领域现有的方向都将遇到靠渐进式改进难以逾越的技术墙，急需原理性的重大突破以支撑网络与通信技术再次实现大的飞跃。在无线通信方面，近十年来缺乏革命性的理论突破，这已成为移动通信技术进一步发展的瓶颈，在无线频谱资源正日趋枯竭和网络带宽急需进一步提升的背景下，期待理论创新带来移动通信技术的下一轮跨越发展；在数据通信方面，自 TCP/IP（transmission control protocol/ internet protocol）核心技术体系确立以来，基础技术没有本质性的突破，IPv4（IP version 4）地址耗尽、TCP/IP 架构面临进一步承载互联网的千亿级万物互联和巨大流量的挑战，急需加快新一代互联网颠覆性技术的研究进程；在光纤通信方面，近十年来容量增速已远远落后于互联网流量增速，其传输容量进一步提升遭遇光电器件和光纤非线性的限制，光纤通信急需发展突破性技术。现有技术的每比特信息传输能耗也将遭遇瓶颈，用传统思路和方法处理大数据与广连接早已力不从心，急需新的原创性重大突破以推动后续发展。

三、信息获取与感知向高精度、集成化、多用途方向发展

当今世界，国家经济和社会的发展对信息的需求日益增大，信息的大容量、广分布、多样性也对信息的获取和感知方式提出了挑战，发展高精度、全方位、集成化的信息获取与感知方式正成为各国抢占信息与电子领域高速发展的战略先机。

（一）空间成像技术进一步升级，信息资源获取更加高精度

遥感获取技术正向高空间分辨率、高光谱分辨率、高时间分辨率方向深入发展。在空间分辨率方面，美国商业遥感卫星 WorldView-4 的空间分辨率已达到 0.41m 和 0.31m，侦察卫星 KH-12 的空间分辨率达 0.1m，我国高分光学卫星分辨率达到亚米级。在光谱分辨率方面，美国 EO-1 卫星 Hyperion 成像仪共有 220 个谱段，光谱分辨率为 10nm，PROBA 卫星的 CHRIS 成像仪光谱分辨率最高达 1.2nm。在时间分辨率方面，以法国 Pléiades、美国 Geo-Eye、我国高分九号卫星为代表，其利用卫星敏捷机动地提高时间分辨率；对地观测小卫星星座成为卫星遥感提升时间分辨率的重要途径；此外，使用静止轨道卫星也是提升遥感数据时间分辨率的有效方法，如我国的高分四号卫星。

未来二十年，遥感技术将从紫外谱段逐渐向 X 射线和 γ 射线扩展，从单一的电磁波扩展到声波、引力波、地震波等多种波的综合，感知分辨率将会大大提高。环境探测卫星将实现多类型传感器综合探测，协调可见光、红外、雷达、散射计、辐射计等多类传感器，可对陆地、海洋、大气、冰层和生物等组成部分及相互作用进行探测，进行全球、区域、局部等多尺度、立体式的综合测量与研究，获取多维度的地球环境数据。

（二）探测环境更加综合复杂，感知技术向集成化、多用途革新换代

在感知技术方面，以美国为首的发达国家近年来在相关理论体系、实现方法、性能评估方法等方面取得了较大进展，正在突破部分关键技术。雷达和水声探测技术在军事与民用领域不断发展，从而要求探测系统能力更强、功能更加多样、处理更智能，要更加轻巧且与平台和其他系统高度融合。美国国防高级研究计划局（Defense Advanced Research Projects Agency，DARPA）研究认为，探测系统面临的地理环境和电磁环境越来越复杂，现有基于传统统计信号处理的侦察、监视装备在非均匀环境下的性能会严重下降。为此，美国军方提出了认知雷达、分布式协同探测、目标综合识别、复杂环境抗干扰以及水声探测技术等技术解决途径。雷达与

水声探测技术目前主要应用在军事国防领域，技术能力虽然已经可以满足国防建设的总体需求，但在体系建设、反隐身探测、抗电磁干扰等方面还存在亟待解决的难题。

集成化、智能化、低功耗、轻薄小、多用途等是未来传感器技术发展的趋势，雷达与水声探测技术也将继承这些发展趋势，在军事和民用领域中发挥越来越重要的作用。对太空、空中、水下等环境及目标的探测，要求雷达、水声等探测感知技术更智能、更精确、更稳定。2035 年，空、天、地、海等空间的专用传感器将以日、时、分、秒甚至毫秒计不断产生具有多维动态特性的时空数据。在网络通信、云计算技术的支持下，传感器将完全融入物联网中，形成"互联网＋空间信息系统"，通过对时空遥感大数据的数据处理、分析、融合和挖掘，可以大大地提高空间认知能力。获取与感知将从单纯面向行业部门的专业技术向服务于经济建设、国防建设和大众民生应用需求的服务科学发展。

四、全球应用体系向高智能、个性化、直观化方向发展

当前，智能技术已经在强大的计算能力、海量数据，以及深度神经网络等方面呈现出前所未有的进步。机器学习的成熟、信息处理算法的进步和计算机硬件科技的发展推动着人工智能的变革。人机交互进一步向着以人为中心、交互方式更加直观的方向发展，人、企业和事物之间的透明度将提高。

（一）大数据驱动人工智能向高智能、高适应方向发展

在认知计算领域，近年来，随着互联网的普及、传感网的渗透、大数据的涌现、信息社区的崛起，人工智能技术已经迅速从基于逻辑推理、概率统计的传统范式转变为大数据驱动的新范式，从而进入了新一轮发展高潮。这一最新发展特征对人工智能的技术、产业、应用等多方面产生了深远的影响。具体来说，一是在计算技术层面，以神经网络为代表的深度学习成为目前最为重要的一类人工智能算法，在自然语言处理、图形

图像处理、非结构数据处理等众多领域得到了广泛而成功的应用。例如，Google 公司将深度神经网络和蒙特卡罗搜索算法相结合，开发出 AlphaGo 系统，AlphaGo 在 2016 年 3 月以 4∶1 的比分击败韩国围棋九段选手李世石。2017 年伊始，AlphaGo 的升级版 Master 在网络上战胜诸多中日韩围棋顶级高手，取得 60 场胜利。又如，IBM 公司运用深度学习技术开发的 Watson 系统在医疗诊断、法律文书处理等方面取得了重大突破。二是在计算模式层面，为了克服深度学习技术目前存在的数据标记工作量大、缺乏类似人类的推理能力、计算结果缺乏可解释性等局限，强调人机交互协同的"人在回路"计算新模式迅速成为研究热点。三是在产业发展方面，掌握了海量大数据资源的互联网企业迅速成为人工智能技术和系统研发的生力军，如 Google 公司开发的 TensorFlow 深度学习平台、Facebook 公司开发的 DeepText 文本理解引擎、Amazon 公司开发的 AWS（Amazon web services）云计算平台等，都对人工智能技术研究和应用系统研发起到了重要的推动作用。

（二）人机交互逐步趋向自然化、多样化

虚拟现实和增强现实作为近年来的研究热点，受到了广泛关注。2016 年，Facebook 的 Oclulus、微软的 Hololens 和 HTC 的 Vive 等都给用户提供了全新的体验，其与传统的交互方式不同，各大公司的产品更加侧重于以用户为中心的交互体验，并结合视觉追踪和体感交互，进一步提高用户的沉浸感。可穿戴设备作为一种便携式计算设备，具有微型化、体积小、移动性强等特点，可以方便地集成健康监测、运动记录、地理定位、社交媒体互动等功能。便携式可穿戴设备技术的进步促使人机交互发生根本性变革，逐步趋向无缝对接。

未来二十年，让系统能看、能听、能说、能感觉是人机交互的发展方向。系统和人的交互变得轻松自如，人与机的壁障最终会被打破，在人工智能、云计算、移动设备、便携式可穿戴设备技术的推动下，人机交互技术发展将出现交互方式自然化、交互内容实物化、交互形式多样化等特点。

五、共性基础技术向深层次、多元化发展，应用广度、深度不断拓展

如今，信息与电子领域共性基础技术正经历着重大突破。微电子领域涌现出诸多新材料、新器件，逐步进入后摩尔时代的深层次演变期；在光电子方面，大规模、大容量、高速率集成技术引领光电子发展；光学工程与信息科学、能源科学、空间科学、材料科学等诸多领域交叉渗透，呈现多元化、多极化的发展态势；高精密计量测试紧密围绕行业应用，促进了电子信息产业的质量提升。

（一）集成电路开启超摩尔探索，大规模集成技术引领光电子发展

当前，集成电路技术进入 10nm 时代，开启了超越摩尔技术升级的路径探索。英特尔公司、三星集团、台湾积体电路制造股份有限公司等积极研发新一代鳍式场效应晶体管工艺，提升集成电路制造技术到 10nm 甚至 7nm；融合计算、图形图像处理、通信、导航等多种需求的系统级芯片设计技术，正由移动芯片向物联网芯片、智能硬件芯片等更广域范畴延展；对先进封装技术的升级需求快速爆发，通过系统级封装技术可实现对多种成熟元器件的立体堆叠和异构集成。

未来二十年，石墨烯、Ⅲ-Ⅴ族／锗硅等化合物半导体等非硅基的新材料带来对集成电路整体技术体系的全面变革，为未来技术持续升级构建无限可能。

在光电子方面，以超宽带光纤通信网、天地一体化网络和泛在物联网等国家战略与任务的发展需求作为动力，大容量、高速率信息传输技术得到快速发展。例如，开发兼容性的集成加工技术，提高了光电子芯片的容量及集成度，形成了具有完备系统功能的集成光电子芯片；微电子机械光学系统技术加快发展，如在智能手机摄像模块领域，OmniVision 公司采用了微机电系统（micro-electro-mechanical system，MEMS）自动对焦技术，OPPO 公司发布了 Smart Sensor 图像芯片防抖技术等；光电传感及光纤传感应用广泛，呈现出多学科、多领域深度融合交叉的发展态势，并广泛应

用于信息、生物、海洋、地震、环境、医疗等诸多领域。微波光子技术在军事和民用领域将取得较大进展，在未来的 5G（5-generation）移动通信、超宽带无线接入网、多波束光控相控阵雷达以及电子战系统中有着广泛的应用前景。

（二）光学工程呈现多元、多极发展态势，激光应用广度、深度不断拓展

光学技术研究呈现多元化、多极化的发展态势。固体激光技术朝着提升峰值功率、压窄脉冲宽度、延伸激光波长和提高能力密度方面发展；光学系统和仪器在空间、时间、光谱等尺度向两极拓展。随着新材料、新技术、新理念的出现和应用，其技术突破和发展速度越来越快，光学系统不断接近甚至突破传统理论极限，超衍射极限、超快、超光谱等光学系统和仪器不断涌现，新材料和新工艺的应用也加速了现代光学系统的发展与光波调控的突破，量子计算的研究成果已经开始出现有实用性价值和意义的研究结果。

在未来，随着激光应用广度、深度不断拓展，激光在通信、先进制造和高能武器等方面的应用将深刻影响和改变各国科技、工业与军事力量，如激光增材制造推动工业制造水平的进步，空间激光通信技术成为实现天地一体化网络的重要手段，光学观测成为人类探索空间的重要仪器。

（三）计量系统向综合性、网络化、智能化发展，促进电子信息产业质量提升

电子信息测试和计量涵盖与电子信息学科相关的计量测试仪器、计量测试基础理论、各类测试验证技术及应用，是提升电子信息产业核心竞争力的支撑手段。当前，新一代信息通信技术的快速发展对测试技术和仪器提出了新挑战。5G 通信的低时延和高可靠性、大规模天线技术等对测试技术、测试成本提出了新的要求；仪表的测量带宽、测试实时性指标显著提高，测量频率向毫米波、太赫兹扩展。此外，先进制造业越来越依赖精密测量技术的支撑，高性能的工业大尺寸测量设备已经成为大型机械制造体系中不可或缺的重要组成部分，对提高大型装备制造水平及工艺水平意义重大。

　　未来，自动测试将呈现出高效率、高精度、通用化、小型化、平台化、网络化、智能化的发展态势。从单一特性分析到智能生产综合监测、以网络为中心的分布式测试维修业务协同、特殊测试场景的无人化高效测试、复杂电子设备全寿命周期的大数据分析，都将成为新一代自动测试技术的重要发展方向。

第二章
我国未来发展对信息与电子工程科技的需求

第一节　2035 年我国的未来发展前景

党的十九大报告提出，到 2035 年，我国经济实力、科技实力将大幅跃升，跻身创新型国家前列。届时，我国经济社会将发生巨大变化。以网络化、智能化为主要特征的信息与电子领域高新技术将取得群体性突破，子领域间的交叉融合更将不断创造新的方向，催生新的业态。电子信息技术与生物技术、新材料、新能源等技术的相互融合，将推动各领域工程科技的发展，新一轮科技革命和产业变革将推动我国创新驱动力发生根本性转变，跻身创新型国家前列。经济和社会发展体制与方式即将发生变革，在集约式发展、人与自然和谐发展等趋势下，人类社会生产、生活活动将发生深刻改变。

未来，随着经济的高速发展，生态环境与社会治理问题也会日益严峻，如工业生产造成的环境污染和人口增长导致的资源不足等问题。同时，中国可能步入超老龄化社会，生命健康、社会医疗、特殊人群保护等问题不断涌现，与人口健康和生活质量相关的科技创新需求强烈，智能服务、绿色生产、无人驾驶、医疗机器人等行业需求将大幅增长。信息与电子领域新型技术和产业的泛在发展对社会经济结构性改革起到关键作用，有助于解决社会发展的重大瓶颈问题。

信息与电子工程科技是我国与发达国家竞争的核心技术领域，也是我国与发展中国家构建命运共同体的重要合作领域。在未来，我国在信息与电子领域科技创新的高度、广度、深度上将迈入一个全新的时代，电子信息技术及其应用将渗透到政治、经济、社会的方方面面。未来网络、虚拟现实、人工智能、大数据、量子信息、无人系统等信息技术，将驱动各行各业向全领域、跨行业、协同、集成、综合、交叉的方向发展，逐步进入万物互联的智能化时代。可以试想，在不远的将来，人与人、人与物、物与物达到充分联通之后，人类社会势必迈入一个复杂巨系统的全新时代。需要补充说明的是，这里所指的人类社会复杂巨系统，不仅是这个概念原本意义上的单个系统因果关系的复杂性，还指人类社会系统的开放性、生长性所导致的物质系统、能量系统、信息体系及认知系统等多系统圈层的耦合带来的复杂性。

一、初步构建万物互联的智慧网络，泛在化智能化服务逐步普及社会生活

未来网络与通信将呈现万物互联、广域覆盖、超高带宽、智能泛在的特点，从地面的平面互联逐渐发展到空间三维互联及外太空和星际互联。大数据、智能化、移动互联网和云计算彼此相互促进，网络数据总量将大幅度提高，成为网络互联的重要推动力。2035 年，我国的互联网通信技术和产业发展将提升到一个新的高度，万物互联的智慧网络基础设施基本建成，并初步建成若干个大型智慧城市示范基地，人们可以随时随地享有超宽带、低时延、移动泛在的智能化网络服务。

未来 20 年，信息计算能力不断攀升，分析能力日益增强，硬件价格持续下降，智能传感器的性能和集成性不断提升，大部分物品实现智能联网，网络节点数量将达到千亿级，人－网－物三元甚至多元互联，未来全面智能互联成为发展趋势；统一标准的共性物联网平台使"物物相联、万物相联"成为现实，未来世界的每一样产品（实体）都可以与无处不在的通信基础设施相连，无处不在的传感器使人们充分感知周围环境，从而促

进更广泛的交流，为数据驱动的智能化服务创造基础条件。

二、物理世界与虚拟世界深度交融，浸入式交互颠覆现有的社交方式

2035 年，我国虚拟现实技术将成熟发展，物理世界与虚拟世界间将深度交融，虚拟现实应用更加广泛，将彻底颠覆人们的生活，实现虚拟与现实的叠加呈现和融合，塑造超高临场感的传感显示技术的材料和器件广泛存在，贴身信息传输、收集、处理及服务成为主流。

我国智能家居产业将融合虚拟现实技术形成全新的产业链，并普及人们生活的方方面面，人们通过虚拟现实、增强现实，实现远程高仿真情景社会情景式交流，虽然远隔万里却使人感觉通话对象就在眼前。浸入式交互的社交方式进一步增进人们的感情交融，在虚拟场景中，人们可以通过可穿戴设备、体感设备进行 360° 覆盖的沉浸式体验，从简单的面对屏幕发展到将自己融合于周围的空间与对象之中，观众将以现实的视角完成体验；在家中体验荒野生存的感觉，"去"世界各地甚至"遨游"宇宙都将成为可能；虚拟现实与医疗结合，可以广泛地应用于手术培训、手术预演、临床诊断、远程干预、医学教学等各个环节；虚拟现实与社交结合，推动社交的进一步升级，人们的社交方式从现在的微信、微博、Facebook 等平面式交流升级为立体、可触摸的交流。

三、数据信息技术爆炸式发展，产业模式和生产方式发生根本性改变

2035 年，我国数据信息产生和处理技术将呈跨越式发展，数据信息海量存在，其数据类型及内容得到极大丰富，包括各种服务、交通、通信、军事、金融等信息，人们生活在海量碎片化信息之中，信息的获取、筛选与分析成为社会产业模式变革的方向之一。为了满足大数据与网络化环境下日益增长的软件需求，软件技术向高智能、自适应、大数据方向发

展，智能化软件将成为主流。通过面向开放动态环境的机器学习等方法，发现大数据中蕴含的知识及智能，并通过知识工程等技术，将人类智能迁移至软件智能，结合众包、群智等新型软件开发方式，推动软件工程与人机智能的深度交叉与泛在融合，促进数据运营商、间接服务第三产业等应用软件新业态的发展。云计算产业链、行业生态环境成熟稳定，并可提供丰富的云服务产品。在我国特殊的海量信息环境下，数据处理将催生新型服务产业，信息的分析处理、传递和服务转化至关重要。

我国社会生产方式会更加注重计算能力，新型计算模式进一步发展，可感知、能学习、会演化、善协同的智能化软件趋向成熟。量子计算、类脑计算、生物计算、光计算等有可能颠覆传统计算模式，为解决大科学、大工程和大数据等领域的重大挑战创造条件，在核聚变模拟、人工固氮、气象预测、药物设计、高温超导、新材料设计、社会计算、认知计算等方面发挥重要作用，在金融、国防、航空、能源和通信等领域有望实现变革式应用。

四、社会生活开启智能化时代，生命健康与质量被推向前所未有的高度

2035 年，我国人口老龄化趋势突出，生命健康、社会医疗、特殊人群保护等问题不断涌现，与人口健康和生活质量相关的科技创新需求强烈。届时，我国社会生活的智能化程度会极大提升，可穿戴设备将会走近每一个人。特殊设备可使特殊人群（如残疾人）无障碍地实现社交沟通。家中传感器和随身佩戴的可穿戴设备，可对老人的生活状况和健康状态进行监护，提供及时救助，并通过大数据分析进行预警。通过可穿戴设备或植入传感器，可实时监护儿童的位置、环境等状态。移动互联、可穿戴设备、大数据等新一代信息技术与新的商业模式结合将改变人们对以往医疗的认知与体验，从预约挂号到诊断、监护、治疗、给药整个过程将开启一个智能化时代，基于医疗大数据平台的诊断与治疗技术将把个性化医疗推向前所未有的高度。

未来高端装备制造业的快速发展使得机器人成本大幅降低，智能化水

平极大提升。高级机器人能够感知理解人类意图、自主适应环境并相互协作完成复杂任务。微纳机器人、柔性机器人等将在极端环境下代替人类完成任务。智能机器人将使社会生产水平和效率大幅提高，服务机器人产业的爆发式增长使残疾人及老人的生活条件大幅改善，机器人手术以及机器人辅助手术应用程度不断提高。

智能的物联网终端以及可以获取脑电信号、生物信号、无线环境信号的新型物联网感知技术，将催生出智能城市管理、智能医疗、智能环境监测、智能交通、智能物流、智能制造等新型产业。机器人和智能控制技术的大规模应用，将对国家反恐、军队建设、工业生产等产生巨大影响，促使我国经济社会活动进一步智能化，深刻改变人们的生产生活方式。

五、科技发展助力社会进步，绿色、健康、智能、定制引领创新方向

经济在快速增长的同时，也给我国社会环境带来了巨大的压力，交通拥堵、环境污染、资源紧缺等问题日益突出。未来我国科技发展将会极大地人性化，很多信息与电子工程科技成果将用于生态环境保护与修复，环境污染会得到遏制，大量低能耗、高效能的绿色技术与产品投入市场，使得绿色、健康发展成为整个社会企业的角逐点。继机械化、电气化、自动化之后，智能化工业生产向更绿色、更轻便、更高效的方向发展。

未来我国无人驾驶汽车、服务机器人、快递无人机等逐步普及，将在很大程度上解决交通拥堵问题。到2035年，我国无人驾驶汽车会在全国部分大型城市普及，依靠新能源动力并规划最优共融路线，合理规划人们的出行时间。服务机器人和无人机会持续提升人类的生活质量和解放程度。

科技创新与发展会不断满足人们的个性化、多样化需求。人工智能将可以理解文字、语音、影像、动作甚至表情等，以大数据为支撑，为我国经济社会发展提供效率与个性兼备的决策与服务。新型智能材料与3D打印结合形成的4D打印技术，将推动我国定制化分布式生产方式的发展，并逐步引领"数码世界物质化"和"物质世界智能化"。

六、国际科技竞争延伸至深空、深海、深地，未知空间探索成为现实

2035 年，我国陆地领域科技发展会逐步出现瓶颈问题，但与其他各科技大国间的科技水平差距也逐步减小。此时，全球可消耗资源紧缺，随着人类对深海、深空等新的疆域认识和驾驭能力的提升，世界各国科技创新的竞赛会进入深空、深海、深地等领域，使得国际科技竞争拓展到深度空间争夺。太空与深空无疑是未来各大国间的竞争制高点之一，我国激光通信等新型通信技术逐渐发展成为星间和星地通信的主流通信技术，以陆海空天全光网为支撑的全光网通信持续扩展，全域一体化覆盖信息网络初步建成。量子通信技术取得进一步突破，在关键信息技术领域率先部署使用。我国对陆海空天一体化网络的需求迫切，空基、陆基的争夺延伸到天基的争夺，国际组织会增加对太空及深空的空间分配立法。在未来，我国将在固有的深度空间范围内，更加合理地部署卫星、空间站和空间飞船等太空设施，并提高其工作效率和作用范围。

未来，在我国，海洋新技术将有所突破并催生新的经济区。多功能水下缆控机器人、高精度水下自航器、深海海底观测系统、深海空间站等海洋新技术的研发应用，将为深海海洋监测、资源综合开发利用、海洋安全保障提供核心支撑。人们可以开展深海旅游探险，近距离观测远海生物，感受海洋的魅力。地质勘探技术和装备研制技术日趋成熟，人们对地球内部结构和资源理解将更加深入，可能会发现一批新资源和能源。配合电子信息智能化设备，人们的生活内容会更加丰富。

第二节　面向 2035 我国对信息与电子工程科技的战略需求

党的十九大报告向全世界描绘了中国建设社会主义现代化强国的宏伟蓝图。当前到 2035 年，将是我国经济社会发生巨大变化的时期。在实现

"两个一百年"奋斗目标的指引下，根据《国家创新驱动发展战略纲要》，到 2030 年我国将跻身创新型国家前列，发展驱动力将实现根本转换。在这一时期，我国的经济体制、社会结构和发展方式都会发生深刻变革。在经济发展方面，2035 年，中国将可能成为比美国更大的经济体。在社会结构方面，中国将步入超老龄化社会。在科技与产业发展方面，现代服务业、自动驾驶、服务和医疗机器人等行业将在未来二十年内迅速发展。我国在这一发展过程中释放出来的巨大经济社会需求以及急需解决的重大瓶颈问题等，都对信息与电子工程科技提出了新的要求，国家的经济发展与信息技术的关系将日益密切。

未来，信息将逐渐成为最重要的生产要素。信息与电子工程科技及其应用将渗透到政治、经济、社会的各个方面，信息化应该而且已经成为改革、发展、稳定的重要基石。经济上，以信息与电子产业为主导、以信息产品的生产和信息服务为主体的新经济模式（数字经济）正在成为经济转型的新动力。技术上，信息与电子工程科技已经成为创新驱动拉动全面创新的核心技术，信息技术仍将是全球创新最活跃、带动性最强、渗透性最广的技术领域。社会结构上，信息化已经成为重塑社会秩序和社会结构的重要推动性力量、决定社会政治参与的主渠道、影响社会稳定的主动力。国际关系上，信息化已经成为我国与发达国家博弈的核心议题，也是我国与发展中国家构建命运共同体的重要合作领域。

根据《国家创新驱动发展战略纲要》的要求，到 2030 年，我国信息与电子等产业将进入全球价值链的中高端；不断创造新技术和新产品、新模式和新业态、新需求和新市场，总体上扭转科技创新以跟踪为主的局面。信息与电子领域总体上由跟跑走向并跑，产出一批对世界科技发展和人类文明进步有重要影响的原创成果。在未来一段时间，我国的信息化进程将持续加速，信息与电子工程科技将取得巨大进展，但同时面临着核心技术缺失等严峻挑战，因此，急需突破信息与电子领域发展的瓶颈问题，建立安全可控的信息技术体系，实现信息与电子领域整体科技实力的跨越式发展和群体式跃迁。

一、面向国家战略安全和国家利益的重大需求

（一）国家治理体系与治理能力现代化需要信息技术支撑

未来的信息社会中，人类的生产生活方式与现在将有很大不同。国家治理及政府管理将充分尊重和遵循信息社会的特征与规律，信息化将成为加强党的领导，转变政府职能，实现治理体系和治理能力现代化、建设智慧社会的重要物质基础与必由之路。电子政务、新型智慧城市是当前国家依托现代信息技术实现治理体系与治理能力现代化的具体实践，在未来将进一步实现社会治理从单向管理向多元协同转变、从粗放管理向精细管理转变，不仅需要互联网、大数据、云计算等信息技术的深度融合与运用，更需要先进计算技术、精确态势感知、智能化技术的突破升级，应综合运用互联网技术和信息化手段开展工作，推进国家治理体系与治理能力现代化。

（二）国家软实力和国际话语权的提升需要信息技术助力

未来的世界文明仍存在和而不同的问题，但随着万物互联和智能时代的到来，信息与网络技术必然将世界上每个人、每个民族、每个地区、每个国家紧密相连，为形成命运共同体奠定技术基础。信息技术的发展为信息的广泛传播提供了条件，在未来，我国将围绕"一带一路"倡议建设21世纪的数字丝绸之路，加强网络互联、促进信息互通，加快构建网络空间命运共同体；主动参与全球治理，不断提升国际影响力和话语权。一方面需要加大"一带一路"基础设施建设的公路、铁路等"硬"设施的输出，另一方面要加大信息技术和信息文化的"软"输出，关键可靠的网络信息系统和技术将是提升国家信息技术软实力和国际话语权的重要基础。

（三）国家战略安全和战略利益的维护需要信息技术保障

在拓展海洋远边疆、太空高边疆、网络新边疆的过程中，我国面临的国际关系将会越来越复杂。一方面是经济相互渗透带来的相互依赖，另一方面是围绕领土和能源的争端将越来越频繁，这对我国的周边区域军事

威慑能力和快速解决争端的能力提出重大挑战，我国急需着力提升全域感知、自由互联、高效指挥、快速行动的信息化能力，提高防范和抵御安全风险的能力。2035 年，在高度发达的信息化、网络化、互联网化的社会中，网络空间安全等非传统安全领域将受到全社会的高度重视。国防建设及经济建设未来发展需要我国在 2035 年具备保证"一带一路"等海上／陆上能源和经济运输线路安全通畅、保证我国海域／空域控制、保证国境内全空域监控等的能力，届时需要建立起完善的国家战略预警系统和空防空管系统，需要可以适应未来需求的大规模、低能耗、高效率、高智能的探测设备。

二、面向国民经济主战场构筑国家持续发展新空间

（一）信息技术与数字经济构筑未来经济发展新生态

信息技术的发展可持续促进和带动资本、技术、人才在全球范围内加速流动，实现全球范围内的资源优化配置，促进工业经济向信息经济转型，促进形成国际分工的新体系。未来经济发展将加速向以数字和网络技术为重要内容的经济发展形态转变，信息技术的发展促进现实空间与虚拟空间的深度交融，必将形成新的产业空间形态、生产方式和商业模式，产生新的经济增长点，带来国家持续发展的新空间，形成全球经济发展的新生态。党的十八大以来，我国数字经济等新兴产业蓬勃发展，随着我国"互联网＋""网络强国""数字中国""智慧社会"等国家战略和"一带一路"倡议部署的深入实施，需要构建安全可控的信息技术体系，形成全球开放的信息技术创新生态和具有国际竞争力的信息产业生态。

（二）信息技术创造未来经济创新发展新动能

我国经济发展进入速度变化、结构优化和动力转换的新阶段，保持经济的持续健康发展需要具备科技带来的新动力。电子信息技术将从数据驱动、技术支撑、信息服务等方面，进一步为供给侧结构性改革、经济提

质增效和转型提供持续动力。随着"十三五"规划中众多产业推进措施的落地，新一代信息技术产业到 2020 年有望突破 10 万亿元大关。2035 年，信息技术产业将进一步加速发展，促进全要素生产率提升，产业机遇也将随之开启，从而实现创新驱动，大力推动新产品、新技术、新领域发展，推动新经济腾飞，为推动创新发展、转变经济发展方式、调整经济结构发挥积极作用。

（三）信息技术与各领域深度融合促进产业新变革

信息技术与经济社会各领域的深度融合，将推动优势新兴业态向更广范围、更宽领域拓展，全面提升经济、政治、文化、社会、生态文明和国防等领域的信息化水平。互联网、大数据、人工智能等新一代信息技术与实体经济将进一步深度融合，引发影响深远的产业变革，形成新的生产方式、产业形态、商业模式和经济增长点，全球正加快全面进入以智能制造为核心的智能经济时代。当前新一轮信息技术已呈现出与工业、社会管理深度结合的特征。未来的技术变革将进一步深入，技术融合带动技术突破和创新的趋势将不断持续。以信息技术为基础和引领，多技术多学科融合产生的技术上的变革，将进一步催生工业革命和产业革命。

三、面向世界科技前沿，占据国家竞争优势制高点

（一）解决核心信息技术受制于人的尴尬局面

信息技术将成为世界发达国家夺取"制信息权"的重要利器，成为掌控全球信息资源的战略性平台，必将推动政治、军事、经济和文化等方面的力量快速发展。具体而言，微电子材料、超导材料、光子材料、能源转换及储能材料、生物材料等技术领域，已经成为发达国家强化其经济、社会和军事优势的重要手段；最具代表性的是集成电路技术，其产业技术、产业规模和科技创新能力已经成为一个强国综合国力参与世界竞争并立足于世界先进行列的重要标志；尤其对于国家层面的信息安全战略、绿色化

和信息化经济发展需求，急需加快微电子材料与器件技术相关方面的研究，尽快推进以材料和工艺为基础的使能材料工程技术的发展。

（二）突破国家可持续发展的关键技术瓶颈

推动新型工业化、信息化、城镇化、农业现代化同步发展，建设生态文明，迫切需要依靠科技创新突破资源环境瓶颈制约。国家战略安全局势，生态环境污染，水、油、煤等能源资源紧缺，人口老龄化趋势加剧，以及相对滞后的医疗卫生水平与人民对生命健康需求的不匹配等不同层面的多种因素，均是制约我国经济可持续发展的重要原因。电子信息技术与相关应用领域的深度融合，将从工程科技层面给出有效的解决途径。

（三）实现群体性技术突破和跨领域深度融合

信息技术日益成为平台型共用技术，不断促进各领域新兴技术的跨界融合创新，不断拓展重要技术领域的研究范畴和方法手段，不断催生新的交叉学科和技术方向。信息技术将成为网络、智能、泛在的群体性技术突破新引擎。信息技术推动多项技术的群体性突破，支撑新兴产业创新集群发展，将进一步推进产业质量升级，促进更多基础前沿领域引领世界科学方向，在更多战略性领域中实现率先突破。

第三节　未来挑战对信息与电子工程科技的发展需求

信息技术的突破、整体跃迁和广泛应用，有助于应对我国在实现"两个一百年"奋斗目标、实现中华民族伟大复兴的中国梦进程中面临的资源短缺矛盾、社会形态变革、智能化等挑战，有助于缓解人民日益增长的美好生活需要和不平衡不充分发展之间的矛盾。科技发展要面向国家重大战略需求、面向国民经济主战场、面向世界科技前沿，在国家战略需求的指引下，从当前到 2035 年，信息与电子工程科技创新与发展的主要任务包括突破关键技术瓶颈、提升信息技术及产业竞争力、服务国家战略和国计民生需求。

（一）突破信息领域核心技术，占据国际科技竞争制高点

加快发展新型计算技术、高性能计算技术、网络安全技术和人工智能技术，从而占据国际信息领域竞争的制高点。计算技术需要重点构建新型体系结构，发展量子计算、生物计算、类脑计算等新兴计算技术。高性能计算是大规模科学工程计算、大数据处理、高通量信息服务的基础，需加快其发展速度。保障网络和信息安全是事关国家安全的重大战略问题，为更好地满足安全事件追踪溯源、网络失泄密检测和网络情报分析等需求，需要发展网络安全技术，提高威胁感知、主动防御、追踪溯源以及反制的水平。人工智能技术是未来支撑万物互联、泛在感知的重要技术基础，需要加强学科交叉，突破技术瓶颈。

（二）构建信息领域先进技术体系，增强经济社会发展的信息化基础

突破电子信息核心技术瓶颈，围绕信息技术的广泛应用、产业竞争力及安全保障提升关键技术水平。工业化和信息化加速深度融合，数字化、网络化、智能化成为提升产业竞争力的技术基点，需要以体系化思维打造国际先进、安全可控的核心技术体系，弥补单点发展弱势，并带动集成电路、基础软件、核心元器件等薄弱环节实现根本性突破，积极争取并巩固新一代移动通信、下一代互联网等领域的全球领先地位，着力构筑移动互联网、云计算、大数据、物联网等领域的比较优势；需要及早突破未来网络及其相关的通信技术，涵盖互联网、物联网、空间网络等发展需求；攻克高端通用芯片、器件和仪器仪表关键技术，发展自主可控的系统软件、新一代信息平台下的信息安全技术等，解决自主研发能力不足和产业控制力不强的问题；需要发展海量数据处理、智能计算、认知与神经工程以及量子信息等方面的技术。

（三）保障国家战略安全，提升国防建设的信息化和智能化水平

加速科技兴军建设步伐，加快军事智能化发展，提高基于网络信息体系的联合作战能力、全域作战能力，支撑我国国防装备的智能化转型。以围棋人机大战为标志，人工智能将取得突破性重大进展，并加速向军事领域转移，这将对信息化战争形态产生冲击甚至颠覆性的影响。智能无人化将会是未来军事科技革命的核心，智能权、意识权或将成为未来战争争夺的关键。为提升未来军队的智能化作战能力，需要加强军民融合的智能化技术创新与产业化水平，建设"智能化创新平台"，加快我军已经定型的新一代机动平台的智能升级，建设以无人车、无人机和无人舰艇等为代表的智能化无人装备体系，提高作战效能，引领军队装备由机械化向信息化、智能化转型，以满足构建能够打赢智能化战争、有效履行使命任务的中国特色现代军事力量体系的内在需求。

（四）面对生态环境和资源能源需求，增强可持续发展的信息化支撑

加强超高分辨率光学成像技术及其应用研究，提升环境和生态信息监测评估水平。生态环境污染，水、油、煤等能源资源紧缺，人口老龄化趋势加剧，以及相对滞后的医疗卫生水平与人民对生命健康需求的不匹配等层面的多种因素，均是制约我国经济可持续发展的重要原因，需要提升创新型化学分子检测及数据风险评估技术的开发与应用水平，提高对空间目标探测和对地观测的能力，为水土污染、矿藏分布态势、生物医学观测提供高分辨率图像数据，提供建立生态监测评估体系的信息技术支撑。

（五）更加强调注重人类健康，使用信息手段提升国民生活质量

紧紧围绕人类健康发展需求，加强新一代信息技术与医疗、健康管理体系的深度融合，形成强有力的技术支持。为满足未来国民的健康医疗需求，需要突破可穿戴设备、机器人、智能发展测试、全生命周期虚拟人模型等关键技术，需要实现信息技术与健康医疗技术的深度融合发

展，需要建立基本完备的健康信息技术支撑体系；为提升人类医疗健康的信息化管理水平，需要重点发展支撑健康管理精细化、一体化和便捷化服务的支撑性信息技术，为国家医疗模式变革提供强大的信息技术支撑。

（六）发挥信息技术的带动引领作用，助推产业转型升级

加强信息领域前沿和基础研究，构建先进技术体系，打造协同发展的产业生态。未来信息技术的引领性和带动性将更加明显，将带动相关科学技术出现群体性突破。信息技术体系将呈现更强的交叉性和复杂性，需要以体系化的思维弥补单点弱势。为满足信息技术对经济社会发展的全方位支撑，需要成体系地打造国际先进、安全可控的核心技术体系，进而带动集成电路、基础软件、核心元器件等薄弱环节实现根本性突破，进一步带动生物、能源等相关领域的交叉融合与技术发展，满足人类生产生活及国家发展的应用需求。

（七）发展未来智慧城市支撑技术，提升信息化社会治理能力

大力发展城市泛在感知网络，加强数据整合和创新应用，突破大数据分析决策技术，建设智慧城市。城市大数据的泛在感知和深度挖掘技术是智慧城市运行管理的基础支撑。应借助各类传感器及信息网络，构建覆盖整个城市系统的多层次立体化泛在感知网络。通过群体感知、参与感知、移动感知、环境感知、内容感知等多种感知技术，同时实现对现实物理世界和虚拟网络世界的智能感知，从而获取城市运行过程中产生的各类静态和动态数据，从源头上解决城市大数据的感知、获取、分析、挖掘、决策等诸多难题，服务于城市的智慧化管理、治理。

总之，为应对未来的发展需求，我国已于近年密集出台了多项电子信息领域的战略布局和顶层规划，制定了《国家创新驱动发展战略纲要》《国家信息化发展战略纲要》《"十三五"国家信息化规划》《国家网络空间安全战略》等重要的国家级顶层规划。中共中央、国务院先后出台了 30余项和信息与电子领域密切相关的政策文件，从信息与电子领域整体发

展、创新环境保障，到各项具体发展战略，为信息与电子领域发展提供了战略支撑。本书在信息与电子领域国家战略、重大工程等战略布局的基础上，结合对技术发展的现状与趋势分析、专家技术预见分析、战略思考，提出面向 2035 我国信息与电子工程科技的发展思路、战略目标、重点任务和重大工程的对策建议。

第三章
技术预见与发展分析

第一节　技术预见调查基本情况

当前，以信息与电子技术为主导的新一轮科技革命正加速形成。电子信息技术的飞速发展给人类的生产生活方式和社会组织推进模式带来了迅猛的变革，其中的一些影响是具有颠覆性的。同时，电子信息技术是目前最具创新引领性、交叉融合性和前沿性的科学技术，其发展逐渐呈现出全球化的趋势，且应用范围迅速扩张，领域间技术交叉与融合更加广泛，是国家科技实力和军事地位的重要基础，是国民经济的坚实支柱，其使能技术的特点，更对几乎所有领域产生着深刻的影响。如何准确地把握技术趋势、预测未来方向、确定重点领域，以有限的投入达到最优的目标，成为各国主要科研机构必须回答的问题。

技术预见兴起于美国，在日本得到了深入的研究与改进，并盛行于欧洲，其本质就是通过有序的探索过程，筛选出关键技术，助力国家科技发展和经济社会进步。技术预见着重参考专家经验，可基于文献和专利等数据分析，也可基于模型构建，或多种方法的组合。其中比较典型的方法是德尔菲法，即采用背对背的通信方式征询专家小组成员的预测意见。德尔菲法具有匿名性、反馈性、收敛性和统计性等特征，并逐渐系统化、体制化，逐步成为各国开展科技中长期发展战略研究的重要支撑。我国正处在信息化和工业化深度融合的阶段,急需进一步充分发挥信息技术"黏合剂""倍增器"和对各领域支撑引领的积极作用,因此加强对新电子信息时代发展机遇的把握,持续开展技术预见调查活动非常重要。

信息与电子领域的技术预见共通过两轮德尔菲法开展研究,参与调查的专家主要由来自重点高校、科研院所以及企事业单位的领域内的专家构成。回函专家对专业领域内的技术清单较为熟悉,有接近60%的专家表示很熟悉或熟悉相关领域。第一轮德尔菲法问卷调查时间为2015年8~10月,邀请人数为663人,填报人数为210人,专家参与度为31.67%。共回收问卷1449份,平均每项技术约有29位专家作答。通过前期研究、愿景分析、备选技术清单形成、德尔菲调查以及集成分析论证四个阶段,信息与电子领域课题技术预见的第一轮调查形成了9个子领域、51项备选技术清单。第二轮技术预见专家问卷调查时间为2016年5~7月,邀请人数为709人,填报人数为170人,专家参与度为23.98%。共回收问卷1246份,技术项平均回收问卷数为32份/项。问卷回收情况如表3-1所示。

表3-1 问卷回收情况统计表

子领域		邀请人数/人	填报人数/人	参与度/%	问卷数/份
第一轮		663	210	31.67	1449
第二轮	总数	709	170	23.98	1246
	测量技术	180	43	23.89	130
	使能技术	255	41	16.08	132
	光电应用	189	47	24.87	126
	感知技术	171	41	23.98	117
	通信与网络	151	51	33.77	183
	网络空间安全	151	46	30.46	240
	计算技术	185	45	24.32	61
	应用软件技术	226	58	25.66	178
	智能与控制	197	48	24.37	79
合计/平均		1372	380	27.70	2695

第二轮技术预见专家问卷调查回收的问卷中，对所有填报的技术项，66.05% 的回函专家选择"很熟悉""熟悉"与"较熟悉"，有 33.95% 的专家选择"不熟悉"。总体来看，回函具有一定的专业性，统计分析有较高的参考价值，数据分布如图 3-1 所示。

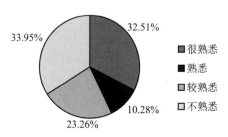

图 3-1　回函专家熟悉程度分布

第二轮德尔菲法技术预见调查在此基础上进一步收敛，转变领域划分技术项 8 条，更名技术项 9 条，合并至其他领域技术项 13 条，删除技术项 2 条，新增技术项 3 条，最终凝练出面向 2035 信息与电子工程科技更具有前瞻性和代表性的重要技术 37 项（图 3-2）。

对各领域技术的重要性分析的评价指标体系分技术因素和应用因素两大部分。其中技术因素分析包括四个评价指标：①核心性；②带动性；③通用性；④非连续性。应用因素分析包括：①经济发展重要性；②社会发展重要性；③国防安全重要性。通过对各反馈专家的熟悉程度进行加权计算，可以得出评价得分的统计结果，参考参调专家的熟悉程度，可以得出技术本身重要性指数和技术应用重要性指数。最终选出本领域的关键技术方向、重要共性技术方向以及重要颠覆性技术方向。

本节主要对最新一轮调查结果进行分析研究，通过对各子领域技术方向的综合重要性分析，根据重要性指数，结合各子领域的重要性，技术预见分析筛选出本领域关键技术方向、重要共性技术方向和重要颠覆性技术方向，分析相关技术方向的预期实现时间、技术发展水平和约束条件等部分内容。

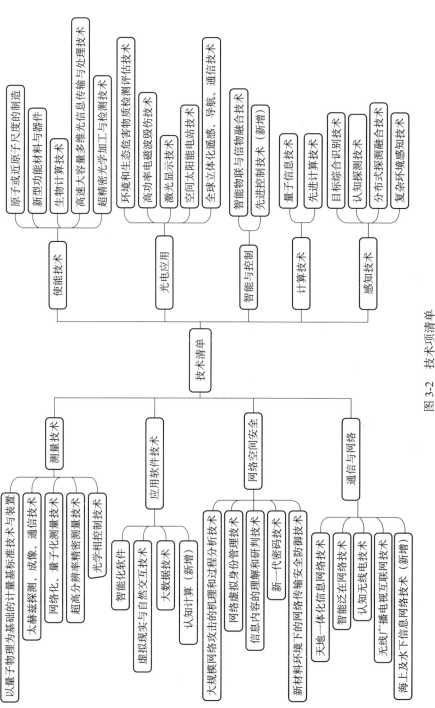

图 3-2 技术项清单

第二节 技术预见结果分析

一、技术本身重要性指数与技术应用重要性指数分析

根据调查结果可知，技术本身重要性指数得分最高的是应用软件技术子领域的大数据技术，其次是计算技术子领域的先进计算技术和使能技术子领域的新型功能材料与器件，指数得分均在 90 以上。技术本身重要性指数由核心性和带动性两方面因素得出，表 3-2 给出了信息与电子领域技术本身重要性指数前 10 位的技术方向及评价得分。技术本身重要性指数得分最高的是应用软件技术子领域的大数据技术（93.95），其次是计算技术子领域的先进计算技术（91.07）和使能技术子领域的新型功能材料与器件（90.63），得分均在 90 以上。

其中大数据技术在第一轮统计结果中并未进入前 10 位（排名 21，得分 78.62），其上升速度及幅度很大，且在第二轮调查结果中大数据技术的四项技术因素分析指数均排名前 5 位，尤其是技术本身重要性指数得分第一，说明该技术方向具有应用范围相对较广泛、技术交叉性较强的特点，从核心性、带动性、通用性及非连续性角度看均是多行业共性技术。

表 3-2　技术本身重要性指数前 10 位的技术方向及评价得分

子领域	技术方向	技术本身重要性指数
应用软件技术	大数据技术	93.95
计算技术	先进计算技术	91.07
使能技术	新型功能材料与器件	90.63
通信与网络	天地一体化信息网络技术	87.51
测量技术	以量子物理为基础的计量基准技术与装置	87.48
光电应用	全球立体化遥感、导航、通信技术	86.82

续表

子领域	技术方向	技术本身重要性指数
网络空间安全	新一代密码技术	86.77
计算技术	量子信息技术	84.11
使能技术	超精密光学加工与检测技术	83.80
应用软件技术	智能化软件	83.39

技术应用重要性是经济发展重要性指数、社会发展重要性指数、保障国家安全重要性指数的加权结果。表 3-3 给出了信息与电子领域技术应用重要性指数前 10 位的技术方向及评价得分。调查结果显示，技术应用重要性指数得分最高的是应用软件技术子领域的大数据技术（94.56），其次是计算技术子领域的先进计算技术（92.44）和通信与网络子领域的天地一体化信息网络技术（91.76）。

表 3-3 技术应用重要性指数前 10 位的技术方向及评价得分

子领域	技术方向	技术应用重要性指数
应用软件技术	大数据技术	94.56
计算技术	先进计算技术	92.44
通信与网络	天地一体化信息网络技术	91.76
光电应用	全球立体化遥感、导航、通信技术	88.62
应用软件技术	智能化软件	87.71
网络空间安全	网络虚拟身份管理技术	87.28
使能技术	高速大容量多维光信息传输与处理技术	86.21
使能技术	新型功能材料与器件	85.35
网络空间安全	新一代密码技术	84.41
网络空间安全	信息内容的理解和研判技术	84.01

由技术单项重要性调查结果可以得出，大数据技术和先进计算技术在核心性、通用性、带动性、非连续性等具体的单项指标中排名靠前，在技术本身重要性、技术应用重要性两项统计指标中排名前两位，表明了其在信息与电子领域中的重要性。

二、技术方向重要性综合分析

(一)关键技术方向

综合技术本身重要性指数和技术应用重要性指数两方面得到技术的综合重要性指数,以此为基础,经过专家研讨分析,提出信息与电子领域的关键技术方向,如表 3-4 所示。其中大数据技术的综合重要性指数最高,但研发水平略低,仅有 36.33。其次是先进计算技术和天地一体化信息网络技术。可以看出,先进计算技术已经得到专家的广泛认可,在研发方面仍保持较高水平,虽然第二轮综合重要性指数有所降低,但总分数仍超过了 50,未来应在先进计算技术方面继续稳定开展技术研究,从并跑转化为领跑。而随着我国建设网络强国需求和"宽带中国"战略的支持,对全方位、立体化的统一网络的需求不断提升,从空间维度需建立起天地一体化的信息网络,天地一体化信息网络技术的通用性重视程度在近一年大幅提升,但目前这一重要科技工程的研发水平较低。

表 3-4 信息与电子领域的关键技术方向

子领域	技术方向	综合重要性指数	研发水平
应用软件技术	大数据技术	94.25	36.33
计算技术	先进计算技术	91.76	51.12
通信与网络	天地一体化信息网络技术	89.66	35.29
使能技术	新型功能材料与器件	88.03	19.32
光电应用	全球立体化遥感、导航、通信技术	87.73	46.30
应用软件技术	智能化软件	85.58	26.58
使能技术	高速大容量多维光信息传输与处理技术	84.65	42.45
网络空间安全	网络虚拟身份管理技术	84.18	50.00
计算技术	量子信息技术	83.55	48.68
网络空间安全	大规模网络攻击的机理和过程分析技术	79.45	34.56

根据技术预见调查,初步得出信息与电子领域的十项关键技术方向如下。

1. 关键技术方向 1:大数据技术

在世界各发达国家和跨国公司的投资与研发热潮中,大数据技术发展水平突飞猛进。美国的大数据研究发展计划、欧洲联盟(简称欧盟)的数据驱动的经济战略、日本的创建最尖端 IT 国家宣言，以及我国的《促进大数据发展行动纲要》均将大数据提升至国家战略层面。大数据方法与技术已成为计算、软件、控制等多个领域的核心技术。

大数据技术预期将主要开展大数据安全及隐私保护基础理论方法研究，健全大数据相关的法律法规，出台数据共享及流动激励机制，引入政府主导的认证体系，培养大数据相关产业人才，建立适应国计民生的大数据分析、预测体系；提供适应社会各层次的数据生产与服务；推动基于大数据的机器智能与人群智能的结合，实现大数据在社会经济生活中各个层面的全面应用，出现一批面向全球的骨干企业和众多创新型中小企业。

2. 关键技术方向 2：先进计算技术

经济社会重要行业领域的快速发展迫切需要超高性能、超大存储、超高通量、超低功耗的新型计算机。根据计算领域世界各国正在开展的重大科技计划及其预期成果，可以发现美国的普适高性能计算计划、欧盟的"地平线 2020"计划等具有重要影响力的重大科技计划均将高性能计算、量子计算等作为重要的技术方向，从人类发展重大挑战的高端计算、面向经济社会服务的计算基础设施和面向端应用时代的嵌入式计算等方面，开展先进计算技术研究。

先进计算技术预期将重点突破冯·诺依曼体系结构，运用非传统硅工艺制造超高性能、超低功耗、超高通量、超大存储的计算和存储芯片，结合量子计算、类脑计算、生物计算、光计算等有可能颠覆传统计算模式的新型计算技术，重点解决大科学、大工程和大数据等领域的人类重大挑战，在核聚变模拟、人工固氮、气象预测、药物设计、高温超导、新材料设计等领域发挥重要作用。

3. 关键技术方向 3：天地一体化信息网络技术

通信与网络子领域的两项关键技术——天空地互联互通（天地通）网络体系、天基宽带互联网技术，经研究整合为一个关键技术方向，即天地一体化信息网络技术。天地一体化信息网络作为我国未来信息化建设的核心基础设施，是国民经济建设、国家安全不可或缺的保障。得益于低成本火箭发射技术、微小卫星平台技术和载荷技术的迅猛发展，实现全球信息，特别是天基信息共享的天地一体化信息网络正在全世界范围内引发广泛关注。考虑到我国各类天基信息系统发展中面临的一些特殊制约条件，自主建设以天基网为核心的天地一体化信息网络迫在眉睫。

天地一体化信息网络建设是满足国家战略需求、推动经济社会快速发展的基础。其具备的全球无缝的常态化覆盖能力，可为陆海空天各类移动和固定用户提供随遇接入的信息服务，满足海上交通要道、海外热点区域的信息保障需求；可实现偏远及不发达地区的信息网络覆盖，促进边远地区教育、医疗、文化水平提升。

4. 关键技术方向 4：新型功能材料与器件

当前，全球新型功能材料与器件正经历着新的重大突破，如微电子材料、超导材料、光子材料、能源转换及储能材料和材料器件化等正处于日新月异的发展之中，尤其是微电子材料与器件，其已是所有信息电子产品的核心基石，支撑着全球高科技产业的发展。微电子材料，主要是硅基材料和工艺材料，如大尺寸硅单晶及硅片外延技术，Ⅲ-Ⅴ族、Ⅱ-Ⅵ族半导体超晶格、量子阱异质结构材料，GeSi 合金和宽禁带半导体材料等，其技术水平以应用于半导体器件（尤其是集成电路芯片）的硅片和制造工艺技术为标志。

使能材料主要涉及在固体材料（主要是半导体材料）上构成的微小型电路及系统。全球的先进主流技术水平多以组成集成电路芯片的单个金属－氧化物－半导体场效应晶体管（metal-oxide-semiconductor field effect transistor，MOSFET）等器件制造技术为标志。当前，12in（1in=2.54cm）硅片已广泛应用于产业生产中，预计 18in 晶圆在 2022 年前后将在量产方面取得重大进展并形成产业主流技术。MOSFET 的制造工艺已经达到 14nm、10nm 技术节点，器件结构已从平面结构转向立体结构［鳍式场效应晶体管（fin field-effect transistor，FinFET）］，各种新型器件结构不断涌现。

以集成电路为代表的微电子材料与器件技术正经历着前所未有的巨变和挑战。例如，按照摩尔定律，集成电路制造工艺应在 2020 年左右达到 7nm 以下技术节点，进入微观物理的范畴，微观材料结构中波粒二象性特点显著，同时总量粒子不够多，统计涨落明显，人们无法仅用薛定谔方程或传统统计物理模型来描述，致使集成电路技术发展遇到很多物理黑色障碍。为此，急需建立介观物理和量子理论新模型来处理。

5. 关键技术方向 5：全球立体化遥感、导航、通信技术

全球变化指的是包括气候变化、土地生产力、海洋与水资源、大气化学、生态系统等在内的影响人类可持续发展的全球性环境变化。全球变化的研究内容包括研究、监测、评估、预测和信息管理等活动，目标是阐述和理解：①控制整体地球系统的物理、化学、生物及其交互影响过程；②地球为生命存在提供的独特环境；③地球系统正在发生的变化；④人类活动对于环境的影响。美国总统行政办公室和国家科学技术委员会于 2014 年共同发布了国家民用地球观测发展计划。地球观测组织（GEO）发布了《GEO2016—2025 战略规划：全球综合地球观测系统实施方案》，该规划的实施将充分利用互联网、应用与移动设备、信息通信技术、物理／地理数据和监测／模拟技术、高性能计算与大数据等先进领域的科技成果。

面对全球立体化遥感、导航、通信技术的迅猛发展及其在国民经济建设和社会发展中的极端重要性，遥感、导航、通信已成为卫星最广泛的三个应用领域。我国应针对卫星制造业、发射服务业、卫星服务业和地面设备制造业的长远发展，进一步制定科学有效的策略，以建立长期、连续、稳定运行和自主控制的国家空间基础设施。

6. 关键技术方向 6：智能化软件

智能化软件旨在增强人类和机器认识与改造世界的能力，并通过自动化的软件开发技术，增强软件产品和服务的供给能力。目前，美欧各国通过"PPAML""BRASS""BRAIN Initiative""Human Brain Project"等重大科技计划，从通用型基础支撑软件、大数据环境下的智能系统软件、面向特定领域的应用软件等方面，不断提升软件的智能水平。

为了满足大数据与网络化环境下日益增长的软件需求，可感知、能学习、会演化、善协同的智能化软件将成为主流。智能化软件预期将发现大数据中蕴含的人类知识及智能，并通过知识工程等技术，将人类智能迁移至软件智能，结合众包、群智等新型软件开发方式，推动软件工程与人机智能的深度交叉与泛在融合，促进数据运营商等应用软件新业态的发展。

7. 关键技术方向 7：高速大容量多维光信息传输与处理技术

光通信具有传输频带宽、通信容量大、抗电磁干扰能力强等突出优点，已成为解决大数据安全高效传输的必由途径，是目前技术最先进、运用范围最广的通信技术之一，其迅速发展和完善正帮助人们向超高速率、超大带宽和超长距离传输信息的目标逼近，并逐步将全光网络由梦想变为现实。这是通信领域的革命性变革，是国际信息领域竞争的制高点，无论在军事信息传输还是在民用通信领域都呈现了需求剧增、潜力巨大的新态势，已成为国家信息化发展战略——信息传输的巨大支撑。

光纤通信和自由空间光通信是实现光通信的两种基本途径，而自由空间光通信则是新一代光通信的主流，它是解决星际、星地、地面自由空间高速大容量光信息传输的最佳选择。预计 2035 年，光纤通信主要用于地面长距离和局域通信，军用、民用都有，其将成为地面通信的主流。对于自由空间光通信，星际、星地光通信将主要应用于军事和国家战略任务，地面自由空间通信则军民兼有。

8. 关键技术方向 8：网络虚拟身份管理技术

网络虚拟身份管理的主要作用是打击网络欺诈，建立诚信网络，遏制有害信息的传播和扩散，治理网络空间，保护用户隐私。开展网域空间身份管理的研究不仅可以满足网域空间安全的需求，而且对于推动我国相关产业快速发展具有十分重要的战略意义。

我国目前已经初步建立了面向用户（人口）的虚拟身份管理系统及其相关支撑平台，在可信、可管、可控方面进行了重点研究，并已在部分城市和行业成功试行，但在设备、应用服务以及各类组织机构的身份管理技术等方面的研究有待加强，与网络新应用的结合还不够深入，从"技术可行"到"全面实行"还有距离，急需在工程技术方面进一步突破。突破十亿级用户的网络虚拟身份高效管理技术有望出现并在全国推广，从而实现与各类网络应用的高度集成，全面实现"使网络空间清朗起来"的总目标。

9. 关键技术方向9：量子信息技术

当前，量子信息技术已进入一个深化发展、快速突破的历史阶段，国际上传统的科技强国都在积极整合各方面研究力量和资源，力争在量子信息技术大规模应用方面占据先机。量子信息技术被公认为最有可能颠覆现有计算、测量、通信等技术领域的核心技术之一。

量子信息技术需要解决超导量子系统、超冷原子体系、离子阱、光子纠缠系统等量子体系中影响量子纠缠态升级拓展的问题，实现量子纠缠态的大规模扩展，利用不同层次技术综合解决量子计算技术、量子通信技术、量子探测技术等问题，特别是解决量子比特大规模扩展问题，并构建通用型和专用型量子计算机。

10. 关键技术方向10：大规模网络攻击的机理和过程分析技术

随着各行各业对网络的依赖性越来越强，基于网络的大规模攻击已经蔓延到金融、工业控制系统、通信、能源、航空、交通等领域，严重威胁着国家信息基础设施的安全。如何在大规模网络攻击发生后尽快发现并及时防止或降低网络资产损失；如何在大规模攻击实施过程中精确记录、追踪、溯源、定位攻击者；如何对攻击全过程实施取证都是亟待解决的问题。

国内目前已经具备了支持一定规模的网络攻击演练靶场技术，二十年内，全虚拟化、全数字化、可定义、灵活配置的网络基础设施将获得快速发展，人工智能和大数据技术将催生立体化、智能化、具备认知能力的网络攻击手段，与此同时，大规模网络攻击的机理和过程分析的手段与方法也将会有变革性发展。预计在二十年内，其有望在大规模网络对抗的过程分析、追踪溯源、电子取证和反制技术中取得突破，达到"构建能抵御攻击的网络空间"的目标。

（二）重要共性技术方向

前10位重要共性技术方向如表3-4所示。其中应用软件技术子领域的大数据技术的综合重要性指数排名第一，其次为先进计算技术和天地一体化信息网络技术。考虑共性技术的基础前沿性和应用广泛性，经过专家研判，确定本领域的重要共性技术为大数据技术和先进计算技术。

美国、欧盟、日本等科技大国和地区在关键共性技术的先进水平上仍保持领先优势。如表 3-5 所示，目前领先国家和组织中，第一、第二位的百分数代表的是专家研判意向，如大数据技术目前领先国家中，第一位是美国（100%），第二位是欧盟（0），这表示专家研判结果均认为美国是第一领先国家（100%）。而先进计算技术则有大部分专家研判美国是第一领先国家（87.64%），其他专家选择欧盟（5.62%）。整体来看，研发投入（简称研发）、人才队伍及科技资源（简称人才）仍是我国信息领域技术发展的最主要制约因素，且工业基础能力（简称基础）和标准规范（简称标准）建设方面同样是薄弱环节，需在未来科技发展部署中加大研发投入、人才培养并合理分配科技资源。

表 3-5　重要共性技术方向

子领域	技术方向	重要共性技术指数	实现时间 / 年			研发水平指数	目前领先国家和组织		制约因素	
			社会	技术			第一	第二	第一	第二
				世界	中国					
应用软件技术	大数据技术	89.94	2025	2021	2024	36.33	美国（100%）	欧盟（0）	研发（25.6%）	人才（24.64%）
计算技术	先进计算技术	84.39	2029	2024	2026	51.12	美国（87.64%）	欧盟（5.62%）	研发（31.43%）	人才（27.35%）
通信与网络	天地一体化信息网络技术	80.07	2029	2024	2027	35.29	美国（98.04%）	欧盟（1.96%）	研发（26.04%）	人才（23.96%）
光电应用	全球立体化遥感、导航、通信技术	76.31	2028	2022	2025	46.30	美国（94.44%）	俄罗斯（3.7%）	研发（25.26%）	人才（21.58%）
智能与控制	智能物联与信物融合技术	74.08	2026	2022	2024	42.96	美国（90.14%）	欧盟（5.63%）	标准（21.88%）	人才（21.48%）
网络空间安全	网络虚拟身份管理技术	73.85	2025	2020	2022	50.00	美国（71.79%）	欧盟（20.51%）	研发（22.55%）	标准（21.82%）
网络空间安全	新一代密码技术	73.07	2027	2022	2024	42.54	美国（91.04%）	欧盟（8.96%）	研发（32.97%）	人才（32.42%）
应用软件技术	智能化软件	71.05	2028	2023	2026	26.58	美国（96.2%）	欧盟（3.8%）	人才（31.56%）	研发（30.74%）
通信与网络	智能泛在网络技术	70.44	2027	2023	2024	37.34	美国（86.08%）	日本（11.39%）	标准（22.38%）	研发（20.22%）

续表

子领域	技术方向	重要共性技术指数	实现时间/年			研发水平指数	目前领先国家和组织		制约因素	
			社会	技术			第一	第二	第一	第二
				世界	中国					
使能技术	高速大容量多维光信息传输与处理技术	70.35	2027	2023	2024	42.45	美国（83.02%）	中国（7.55%）	研发（24.56%）	人才（22.22%）

（三）重要颠覆性技术方向

调查显示前 10 位重要颠覆性技术项目如表 3-6 所示，目前领先国家和组织中，第一、第二位的百分数代表的是专家研判意向。应用软件技术子领域的大数据技术、计算技术子领域的先进计算技术和使能技术子领域的新型功能材料与器件等得分较高。根据调研结果和相关领域专家研判，确定本领域的重要颠覆性技术是量子信息技术。其预计实现时间最晚，约到 2030 年才能实现。

表 3-6 重要颠覆性技术方向

子领域	技术方向	颠覆性指数	实现时间/年			研发水平指数	目前领先国家和组织		制约因素	
			社会	技术			第一	第二	第一	第二
				世界	中国					
应用软件技术	大数据技术	67.96	2025	2021	2024	36.33	美国（100%）	欧盟（0）	研发（25.6%）	人才（24.64%）
计算技术	先进计算技术	63.36	2029	2024	2026	51.12	美国（87.64%）	欧盟（5.62%）	研发（31.43%）	人才（27.35%）
使能技术	新型功能材料与器件	61.11	2029	2024	2027	19.32	美国（90.91%）	欧盟（6.82%）	研发（27.46%）	人才（26.06%）
网络空间安全	网络虚拟身份管理技术	60.70	2025	2020	2022	50.00	美国（71.79%）	欧盟（20.51%）	研发（22.55%）	标准（21.82%）
应用软件技术	认知计算	59.28	2029	2025	2027	28.68	美国（97.06%）	欧盟（1.47%）	研发（32.35%）	人才（29.9%）
计算技术	量子信息技术	58.42	2033	2029	2030	48.68	美国（92.11%）	中国（5.26%）	人才（27.19%）	研发（25.44%）
使能技术	高速大容量多维光信息传输与处理技术	57.34	2027	2023	2024	42.45	美国（83.02%）	中国（7.55%）	研发（24.56%）	人才（22.22%）

续表

子领域	技术方向	颠覆性指数	实现时间 / 年			研发水平指数	目前领先国家和组织		制约因素	
			社会	技术			第一	第二	第一	第二
				世界	中国					
网络空间安全	大规模网络攻击的机理和过程分析技术	55.64	2025	2021	2023	34.56	美国（100%）	欧盟（0）	人才（29.2%）	研发（26.8%）
网络空间安全	新一代密码技术	55.12	2027	2022	2024	42.54	美国（91.04%）	欧盟（8.96%）	研发（32.97%）	人才（32.42%）
使能技术	超精密光学加工与检测技术	54.05	2028	2022	2025	38.68	美国（69.81%）	欧盟（22.64%）	人才（25.47%）	基础（24.22%）

三、实现时间分析

（一）预期实现时间分布

信息与电子领域技术实现时间见图 3-3，技术项目的技术实现时间集中在 2020 ～ 2030 年。其中有 11 项技术实现时间（世界）集中在 2022 ～ 2023 年，10 项技术实现时间（中国）集中在 2024 年，将近 10 项技术的社会实现时间（中国）为 2027 年，其中近一半的技术预期在 2024 ～ 2030 年实现。

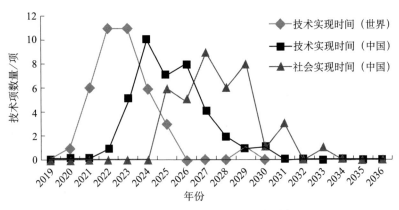

图 3-3　三类预期实现时间的比较分析

（二）技术实现时间比较分析

由图 3-4 可以看出，我国所有的信息与电子领域技术实现时间均晚于世界技术实现时间，差距为 1～6 年。图 3-5 列出了信息与电子领域综合重要性指数最高的前 10 项技术，比较分析了我国与世界的技术实现时间的差距。其中量子信息技术的实现时间最晚，分别为 2029 年、2030 年、2033 年。网络虚拟身份管理技术的实现时间较早，分别为 2020 年、2022 年、2025 年。

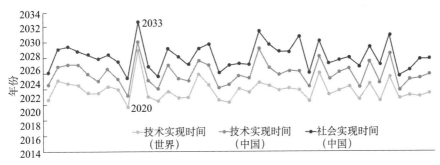

图 3-4 实现时间差距（39 项技术）

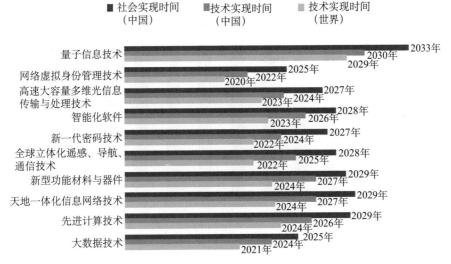

图 3-5 我国与世界技术实现时间差距及我国社会实现时间（前 10 项技术）

第三节　技术发展水平与约束条件

根据对技术项的研发水平、技术领先国家和组织、约束条件等方面的统计结果，可以选择各领域研发水平最高、受各类因素制约度最大的技术方向进行分析，并可以对本领域技术项目/子领域/领域整体的技术发展水平与约束条件进行分析。

（一）技术领先国家和组织

信息与电子领域中技术领先国家和组织的判断如图 3-6 所示：美国在各个子领域具有总体优势，欧盟次之，日本在光电应用、智能与控制子领域和欧盟比肩。

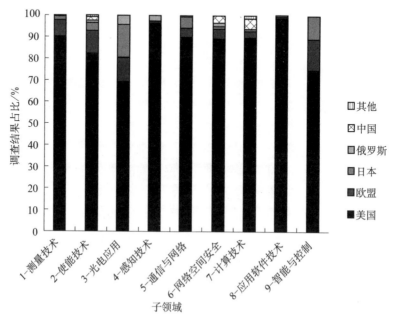

图 3-6　技术领先国家和组织分布

（二）研发水平指数

39 项技术的研发水平如图 3-7 所示，从中可以发现：研发水平指数均值为 33.50，整体处于较落后的水平，在 40～60 的技术方向有 10 个，在 20～40 的技术方向有 25 个，低于 20 的技术方向有 4 个。其中，信息内容的理解和研判技术研发水平指数最高，海上及水下信息网络技术的研发水平指数最低。

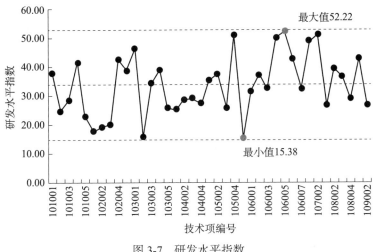

图 3-7　研发水平指数

（三）制约因素分析

领域制约因素分布情况如图 3-8 所示。整体来看，研发投入、人才队伍及科技资源仍是信息与电子领域技术发展的最主要制约因素，且工业基础能力和标准规范也是我国的薄弱环节。

子领域制约因素分布情况如图 3-9 所示。各领域除了研发投入、人才队伍及科技资源这两大最主要制约因素，工业基础能力对测量技术、计算技术、使能技术和光电应用子领域的制约较强，标准规范对通信与网络、应用软件技术和智能与控制的制约性相对显著，协调与合作、法律法规政策对各技术领域的制约性相对较弱。

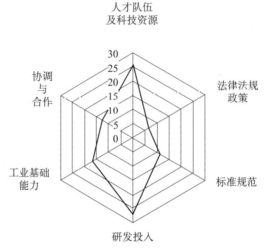

图 3-8　领域制约因素分布情况

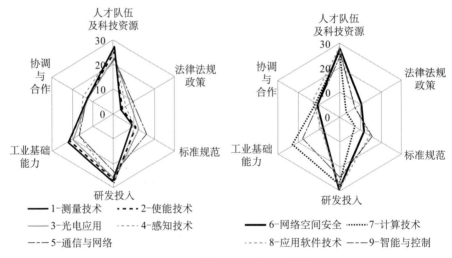

图 3-9　子领域制约因素分布情况

第四节　技术预见小结

技术预见针对信息与电子领域第二轮德尔菲调查结果中的 39 项重要

技术进行综合指数分析，通过综合评价得分排出信息与电子领域前 10 位的关键技术、重要共性技术和重要颠覆性技术，为面向 2035 国家信息与电子工程科技发展提供参考。这里同时预测了本领域重要技术项的世界技术实现时间、中国技术实现时间和中国社会实现时间，分析了我国技术发展当前水平与约束条件。

以各综合指数排名前三位的技术项为例，统计结果表明：信息与电子领域关键技术与重要共性技术排名的前三位均是应用软件技术子领域的大数据技术、计算技术子领域的先进计算技术和通信与网络子领域的天地一体化信息网络技术。重要颠覆性技术排名前三位的除了大数据技术与先进计算技术，第三位是使能技术子领域的新型功能材料与器件。院士专家在技术预见中所得出的统计结果基本涵盖了"中国工程科技 2035 发展战略"所需研究的各个技术领域，技术预见工作也为未来我国工程科技战略研究提供了参考。

后文将在专家预见分析的基础上，力求涵盖从信息产生到最终应用的所有环节，包括信息的获取、传输和使用，以及信息技术的系统应用和共性基础等，结合前面的趋势分析以及技术预见分析，从信息获取与感知、计算与控制、网络与安全、交叉与应用、共性基础等领域方向，提出信息与电子领域的发展思路、战略目标、重点任务及发展路径，以及基础研究方向、重大工程和重大工程科技专项建议。

第四章
发展思路与战略目标

第一节　发展思路

　　我国应发挥信息与电子领域的先导性引领作用，提升国家信息产业竞争力和发展水平，围绕网络强国的远景目标，结合国家在大数据、人工智能、"互联网＋"等方面的战略部署，着力发展信息功能材料与器件、高精密计量检测、量子信息、建模与仿真等信息与电子领域共性基础技术，开展先进计算、立体化感知、虚拟身份管理等核心关键技术研究，制定领域方向目标，从获取与感知、计算与控制、网络与安全、交叉与应用四个主要方面部署重点任务，分阶段优先布局量子信息理论、认知计算理论等信息与电子领域基础研究方向，通过高性能计算、光电子与光网络、天基全球监测工程、数据安全工程等重大工程，以及先进集成电路、新型网络体系、智能健康信息技术等重大工程科技专项，夯实信息与电子领域发展基础，实现信息与电子领域的全面跨越发展，全面支撑国家创新驱动发展战略。总体来看，发展思路各个模块和目标的关系如图 4-1 所示。

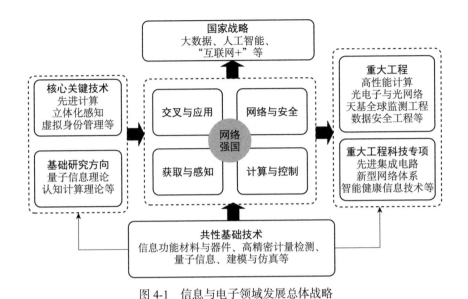

图 4-1 信息与电子领域发展总体战略

一、加强前沿性和基础研究，夯实信息与电子领域先导性共性技术基础

着眼于长远发展，预先规划布局，高度重视信息与电子关键共性技术对本领域及其他领域的基础性作用，超前布局量子计量、量子通信与计算等前沿技术，抢占信息与电子领域关系未来国家社会经济发展的战略制高点；重点研究信息功能材料与器件等带动性强、具有全局性影响的关键共性技术，提升信息与电子领域的整体实力和产业竞争力，不断催生新的产业领域。

二、围绕关键技术方向部署重点任务，带动信息与电子领域整体协调发展

统筹考虑、重点布局，以重点任务带动关键技术方向，乃至整个信息与电子领域的协调发展。全面提高信息获取与感知能力，提升信息测量、存储和采集的技术水平，包括对特定目标和所处环境的探测感知，以及对

各类信息测量与融合的技术手段。建设更加安全的网络基础设施，构建面向未来网络的技术体系与安全基础设施，提升网络与通信的传输、存储能力，重点发展应对未来复杂安全形势的网络空间安全技术。扩大计算与控制方向的领先优势，进一步加强计算与控制领域方向的理论探索和工程实践，保持我国在高性能计算领域的领先优势，实现智能化时代的控制理论和科技突破，抢占未来科技前沿的战略制高点。

三、以重大工程应用为牵引，强化信息系统综合集成及领域交叉融合

充分发挥我国重大工程系统创新的成功经验，优先布局，集中配置优势科技资源，在目前布局的大数据技术、天地一体化信息网络技术等重大工程的基础上，进一步组织面向国家未来战略需求的信息领域重大工程，深化与多领域的融合创新，强化大数据人工智能、虚拟现实与自然交互等应用领域的技术创新，在系统与应用领域实现实用化、智能化、网络化、信息化，形成重大工程牵引下的信息与电子领域技术集群发展和突破重点。

四、持续提升信息与电子领域的安全可控能力，保障国家战略安全

加强推进基础性、前瞻性、探索性、颠覆性信息技术的研究与应用，高度重视信息与电子领域自主可控对国家网络空间安全和经济安全的保障作用，持续加大力度支持核心技术自主创新，抓紧突破信息与电子领域的前沿技术和具有国际竞争力的关键核心技术，加快推进国产自主可控替代计划，构建安全可控的信息技术体系。逐步推进高端电子元器件自主可控工程和自主操作系统的研发，形成自主可控完整的信息技术产业链，实现信息与电子领域技术能力的全面自主可控。

第二节 战略目标

到 2025 年，推动高性能计算、核心芯片与关键存储器件、量子信息、网络信息系统等技术的研发和应用，形成一批具有自主知识产权的核心技术和创新产品，其中，建成通用型 E 量级的高性能、实用化计算系统；研制具有相当规模的量子比特实验平台和可实用的固态量子存储器等关键器件；初步实现人－网－物三元互联，连接数量从百亿级发展到千亿级。基本实现关键信息技术领域的自给，构建安全可控的信息技术产业体系，信息技术国际竞争力大幅提升，信息与电子工程科技部分进入国际先进行列。

到 2035 年，在部分重大领域实现全球信息化发展引领，信息与电子工程科技技术的整体水平显著提升，基本形成具有国际竞争力、安全可控的信息技术体系，信息产业与其他产业深度融合，成为推动社会经济发展的新动能和重要变革力量。涌现出一批具有显著成果的核心技术和重大应用，Z 量级高性能计算系统达到实用化水平；实现 5/3nm 等逻辑技术的量产；部分领域的人工智能系统接近人的智能水平；虚拟现实设备及应用逐渐普及，开始改变人类的工作和生活方式；全面建成全球覆盖的陆海空天立体信息网络，实现天基信息网络、互联网、移动通信网、水下通信网的深度融合；我国信息与电子领域在国际上的话语权和规则制定权得到显著提升，信息与电子工程科技技术水平整体迈入世界先进行列。

一、获取与感知领域方向

获取与感知技术将继续朝着多手段、多功能、智能化、分布式、超精密等方向不断迈进，利用电、光、声、磁、压等多种手段，在各类复杂环境下对世界和环境准确感知；不仅要获取被探测目标的基本信号，还需要对目标的基本属性进行分类；具备认知探测能力，以及自适应调节、自诊断、自修复、自主资源配置功能；分布式探测融合技术在空间维度甚至时间维度拓展获取与感知能力；超精密、超分辨、超微观探测技术将支撑未来信息技术朝着应用方向进一步拓展。分阶段战略目标如下。

到 2025 年，复杂环境感知技术将突破典型恶劣环境探测技术；目标识别技术将具备对典型环境中目标的探测、分类能力；认知探测技术将在典型探测手段中得到应用；分布式探测融合技术在典型测量手段中初步实现；在微纳测量、超分辨成像等领域初步实现超高分辨率精密测量。

到 2035 年，实现强电场、强磁场、强辐射、高温、高压力、高速度、强振动、强噪声等极端条件下的新型测量与感知技术；具备对地面、太空、空中、水面、水下等多类型目标进行属性分类、特征识别和意图判断等综合识别的能力；认知探测方法被普及，能够支撑感知技术处理更微弱的探测信号；具备多机、多舰、多弹、多站、多车、多人紧密耦合协同探测能力；完成微纳测量、超分辨成像等国家重大科技计划中的典型示范应用。

二、计算与控制领域方向

根据计算与控制领域方向超高性能、超低功耗、类脑化、智能化、协同化的发展思路，分阶段战略目标如下。

到 2025 年，基于传统半导体工艺的通用型 E 量级高性能计算系统进入实用化水平，面向大数据处理、智能协同等领域的专用型高性能计算系统能效比相对目前水平提高 5 ～ 6 个数量级，面向大规模科学与工程计算需求的计算软件及设计工具链成熟；新机理计算和存储芯片进入产业化阶段，神经形态器件在应用原理上取得突破，建成大规模神经形态器件阵列；突破基于网络的群智软件开发和软件自动化等理论方法与关键技术，具备网络化、开放式、群智化软件开发能力；突破支撑精细化操作和特种任务的高级机器人控制技术，显著提升机器人的自主控制能力；流程工业初步实现管理决策的知识自动化和生产过程的全流程协同优化控制。

到 2035 年，基于新材料、新机理器件的 Z 量级高性能计算系统进入实用化阶段，基于量子、生物等新原理的新型计算技术获得重大突破；基于神经形态器件的计算实现原理性突破，初步具备构建具有新型体系结构的脑启发式认知计算系统的能力；软件技术体系具备可感知、能学习、会演化、善协同的智能化软件生产的能力；人机混合智能与群体协同控制技术取得突破，形成人机共融和机器人群体协作的控制技术体系；各重点行业流程工业控制总体达到世界先进水平，部分达到引领世界的先进水平，建成全流程、精细化生产的现代流程工业体系。

三、网络与安全领域方向

网络与安全领域按照全域覆盖、智能泛在、万物互联、可靠可信、安全有序的发展思路，分阶段战略目标如下。

到 2025 年，初步构建天地一体化信息网络，形成全球信息服务能力，全面提升我国各类卫星与地面网络的综合信息服务覆盖范围；实现 100G 硅基和 InP 光芯片、调制器、数字信号处理（digital signal processing, DSP）、光网络软件系统等的商用化，基本突破陆地全光网重大技术；突破大容量海上无线通信技术，形成近海无线覆盖网络；实现人－网－物三元互联，连接数量发展到千亿级，形成完善的物联网通信网络制造及服务产业链；网络空间数据信息分析处理的能力极大加强，基于云和大数据的安全服务技术将成为主流，将会对潜在未知威胁的监测、分析和预警能力有所提升，安全事件处置的全网联动能力将进一步增强。

到 2035 年，全面建成全球覆盖的天、地、海上（含水下）立体信息网络，实现天基信息网络、互联网、移动通信网的深度融合；实现 4T/10T 硅基和 InP 光芯片、调制器、DSP、光网络软件系统等的商用化，全面突破光网络重大技术；实现万物互联的智能泛在物联网，连接数量达到万亿级，实现社会与物理世界的融合；信息传输速率进一步提升，频谱效率和功率效率大幅提高，在通信网络体系、无线通信体制、水下通信技术、全光通信等方面实现突破。关键领域基础设施的自主化比例不断提升，安全可控能力全面增强，网络身份管理技术全面实施，结合网络空间审查技术，在追踪溯源、智能自动化网络安全处置技术方面取得突破。

四、交叉与应用方向

根据交叉与应用领域按照实用化、个性化、智能化、多层次、网络化、信息化的发展思路，制定战略目标如下。

到 2025 年，人工智能技术达到实用化，产业实现泛在化；虚拟现实可以量身定制，其内容符合个性化、大众化标准，并可智能化量产；初步实现大尺度多层次化学分子测量数据的标准化，生态环境质量可视化，治理决策科学化；建成激光显示产业示范线并占领显示高端市场。

到 2035 年，特定领域人工智能达到类人智能水平；虚实泛在融合且设备国产化率超过 50%；建成以大数据为基础的生态、环境、资源等应用信息体系，生态风险评估系统实现网络化、信息化监测；开发出双高清 / 大色域 / 大视场系列化激光显示产品，并打造成具有自主知识产权的激光显示产业集群。

五、共性基础领域方向

按照加强开展基础性、前瞻性、探索性、颠覆性信息技术研究与应用的发展思路，重点关注基础信息材料和器件、光子集成芯片的进步可能引发的巨大技术变革，高精密计量检测技术发展所起到的基础支撑作用，以及量子技术在通信、测量和计算领域带来的颠覆性潜能，制定战略目标如下。

到 2025 年，建成最小线宽 7nm 的集成电路晶体管生产技术，发展系统级封装技术，在石墨烯等新型信息材料领域取得器件级应用；光子集成技术、半导体存储技术、高速传输技术得到进一步发展，加强物理层技术进步、提升频谱效应，提高数据传输和使用效率；发展具有国际等效性的计量基准标准装置，全面支撑生产流程标准化和质量信息国际化进程，为基础前沿领域大范围、长周期、多层次、网络化监测数据提供可溯源至国际单位制的高精度量值源头；量子模拟、量子芯片、量子编程、量子测量等技术以及关键支撑技术取得重要突破。

到 2035 年，我国将在后摩尔时代结合多样化器件和封装集成技术，将人类和自然环境产生的信息进行数字化处理，以产生更高效、更廉价、更节能的解决方案；发展出可接入更高性能、更多种类和更多数目传感器件的超高速大容量多维信息网络，资源配置更加智能，大数据分析处理能力进一步提升，通信网络技术进一步发展；量子计量基准和量子物理与前沿技术结合得更加紧密和有效，促进量子增强测量技术的发展，实现具有应用前景的突破标准量子极限甚至海森伯极限探测技术；形成全球立体化全天时量子通信网络体系的能力，量子计算软件和硬件能力取得进一步突破，在量子技术领域的综合能力达到国际领先水平。

第五章
重点任务与发展路径

第一节　获取与感知领域方向

一、复杂环境感知

任务内容：2025 年突破强电磁、超高速、超高温等极端环境下的目标探测感知技术，2035 年实现复杂环境下测量与感知技术向高、精、尖全面发展。研究强电场、强磁场、强辐射、超高温、超高压、超高速、强振动、强噪声、多干扰等极端环境下的新型感知技术，支持颠覆性感知与探测技术发展，研究生物传感、雷达探测、水声探测、电磁探测、地磁探测、对抗探测、工业监测等先进测量技术等。

发展路径：瞄准国防装备、生物工程、微系统工程、人工智能、深海探测、深空探测等重要领域的技术需求，鼓励学科交叉和技术创新；重点突破微纳传感器制造、极端应用传感器封装工艺、多用途传感器集成、大规模高灵敏光电探测器、太赫兹传感器、先进水下传感器等关键技术；逐步建立起满足国防安全和大国战略需求的手段多样、体制先进的探测识别系统。

二、目标综合识别

任务内容：2025 年具备对空天目标的属性分类和特征识别能力，

2035 年具备对空中、太空、地面、水面、水下等目标进行属性分类、特征识别和意图判断的综合识别能力。研究复杂环境下的多平台、多体制、多维度探测技术，支撑防空识别区管制、中低空空域开放以及军兵种多维作战等需求。

发展路径：基于多平台、多体制、多维度的探测技术，依托军事防空、战略预警、航空管制、地理测量、智能穿戴、无人驾驶等技术发展，从电、磁、声、光、热以及运动特性等角度分别建立目标综合识别数据库，开始建立目标综合识别信息管理体制；建立完善的目标综合识别信息管理体制和数据库，在雷达、光电探测等领域完成典型应用工程建设；实现对空中、太空、地面、水面、水下等目标的有效判别，全面支持国防安全、产业发展及科学研究的需要。

三、认知探测

任务内容：2025 年在雷达、光电成像等领域初步实现认知探测，2035 年普及认知探测方法，具备精确探测、准确识别及微弱信号探测能力。研究基于自主学习、在线提取或预先植入的目标及环境先验信息自适应探测技术，实现系统工作模式和资源配置的最优匹配。

发展路径：以雷达和光电探测为突破口，依托国家防空探测网络升级换代、空中管控网络建设、公共安全体系建设等，构建开放、稳定的交流平台，在相关理论体系、实现方法、性能评估方法等方面取得突破性进展；以认知雷达体系建设为重点示范工程，推动认知探测技术逐步成熟，建立覆盖水上 / 陆上能源路线、我国周边水域 / 空域、境内空域的预警系统和管控系统。

四、分布式探测融合

任务内容：2025 年初步具备分布式协同探测能力，2035 年具备多机、多舰、多弹、多站、多车、多人紧密耦合协同探测能力。从大型探测网络到微小型多传感器探测系统，研究共型设计、多站协同探测、主被动结合探测、外辐射源探测、无源探测等探测技术，发展多体制、多平台、多波段分布式协同探测技术。

发展路径：依托国家防空预警网络、空中管制网络、国家地理信息系统、智能汽车自动驾驶工程、智能穿戴产业等的发展，突破研究新型多输入多输出、自适应自组网、通信探测一体化、主被动结合、共型设计、电磁空间精确重构、可重构多功能探测器、多站点信号级联合处理等关键技术；依托国内战略预警、空管建设、测量工程专项等重大课题，完成隐身目标探测、低慢小目标探测、天基雷达、微弱信号测量等关键技术攻关，对军事联合作战、智能传感产业发展以及环境健康监测等提供技术支撑。

五、超高分辨率精密测量

任务内容：在空间高分辨率精密测量方面，2025 年，研究并初步突破验证亚像元技术和波前编码成像、光学合成孔径等核心关键技术，全面达到 1m 地元分辨率水平，并在高性能成像芯片、高性能激光光源方面进一步缩小与国际先进水平的差距，2035 年向 0.1m 地元分辨率水平进军，在高性能成像芯片、高性能激光光源方面基本达到国际先进水平，基本可以自主国产化；在超高分辨率精密测量方面，2025 年，研究并初步突破验证亚波长结构界面光学技术、远场超分辨荧光显微成像等核心关键技术，进一步实现在这些技术基础上的原创性新技术突破，2035 年，在完成原创性新技术突破的基础上，努力推进这些新技术从实验室向实用转化，在生物医学领域实现典型示范应用。

发展路径：以中国高分辨率对地观测系统（简称高分专项）和国家自然科学基金委员会、科技部对超分辨成像技术重大仪器专项的支持为重要切入点，集中力量有重点地攻克核心关键技术中的若干技术瓶颈，在以点带面实现全面技术突破的基础上，有针对性地选择空间目标探测、对地观测、活体细胞内分子检测三个典型领域，完成超高分辨率精密测量的全链路数据半实物仿真实验平台，以实现核心关键技术的初步验证，并形成工程示范应用的初步规范。在此基础上，强调原创性新技术的同步研究和突破，完成高分辨率空间目标成像探测、高分辨率对地观测、活体细胞内单分子超分辨率显微实时成像检测工程示范样机，奠定大规模普遍应用的坚实基础。

第二节　计算与控制领域方向

一、Z 量级高性能计算

任务内容：瞄准 2025 年通用型 E 量级的高性能、实用化计算系统，以及 2035 年 Z 量级高性能计算系统及其实用化水平，重点研究可定制高性能微处理器、面向研究领域的新型计算器件、大规模分布式计算系统架构、新型大容量高带宽存储、超高能效比的低功耗控制、大规模并行系统的高可靠容错、并行程序设计和调试、高性能计算系统管理监控、大规模网络服务的实时并发处理等关键技术，重点研制超高能效比的低功耗 Z 量级高性能计算机、面向数据中心的高通量计算机等。

发展路径：建立"大科学＋大计算"协同创新发展机制，以并行处理模式为最重要的技术途径，分阶段构建当代最高性能计算机；用国家重大工程牵引计算装置和器件的创新发展，促进传统硅计算系统的应用级优化、新机理器件实用化研发和新概念器件孕育；面向国家重大科学及工程领域，开展工程领域型和智能处理型大规模并行应用软件研制；开展融合多学科的新型探索型高性能计算机研究，用新器件、低功耗超级计算机技术牵引新材料、新器件和基础理论的创新发展。

二、认知计算

任务内容：瞄准 2025 年的大规模神经形态器件阵列、2035 年的脑启发式认知计算及其新型体系结构，重点研究神经形态器件、类脑计算机软硬件、具有学习记忆等功能的认知系统、理解自然环境的自动视觉系统、基于数据输入和环境交互的智能生成、知识获取加工与新知生成及求解等关键技术，建立认知计算的核心技术体系，重点研制具有新型体系结构的脑启发式认知计算系统。

发展路径：多尺度探索大脑结构和工作机理，多方位模仿大脑认知特性；利用大数据等技术手段，促进模仿大脑的认知计算模型及装置研究，构建以统计学习为基础的数据驱动认知模型和以脑机理为指导的混合认知模型，研制仿真神经元和神经突触的神经形态器件；研制理解自然环境的自动视觉系统，实现从固定单一问题到灵活可变的感知问题、从有限域问题到开放域问题、从固定知识到自动累积知识的过渡；突破冯·诺依曼体系结构，运用非传统硅工艺，设计制造仿照大脑结构的类脑计算机系统。

三、智能化软件

任务内容：瞄准 2025 年的网络化、开放式、群智化软件开发能力，以及 2035 年的可感知、能学习、会演化、善协同的智能化软件生产能力，重点研究智能问答信息服务、智能操作系统、大规模并行程序的错误检测调试与自动化修复、复杂软件系统自适应与持续演化、基于网络的群智软件开发、知识中心支撑软件等关键技术，推动软件工程理论、方法、技术向开放化、场景化、智能化、定义化转变。

发展路径：以智能问答信息服务、大规模并行程序的错误检测调试与自动化修复等关键技术为突破口，为形成集成化的智能化软件基础理论方法提供技术准备；提出开放式群智化软件工程、面向开放动态环境的机器学习、虚实融合智能建模、跨媒体计算和群体智能等智能化软件等关键支撑理论、方法与技术；建立一套集成化的智能化软件理论方法系统，支撑新型复杂性与可信性基础理论和方法，形成一种新型软件业态参考模型及示范应用。

四、机器人控制

任务内容：瞄准 2025 年支撑精细化操作和特种任务的高级机器人控制、2035 年人机共融和机器人群体协作的控制技术体系，重点研究面向新材料与新工艺的驱动控制、机器人自主学习和行为理解、人机协同的混合智能、群体协同控制与群聚智能等方面的关键技术，重点构建面向高端工业制造、医疗健康、社会服务和国家安全等重要领域的机器人控制技术体系。

发展路径：开展多学科交叉的基础研究，提高对微纳、柔性和软体等新材料及新工艺的驱动控制能力，研究机器人类人自主学习、思维和行为理解的机理与方法；利用国家重大工程或重大专项牵引和推动机器人控制的技术创新，突破人机混合智能、网络化协同控制和群体协作等技术瓶颈；通过与高端装备制造、医疗健康等产业融合发展带动机器人控制技术的产业化应用，提高对国家重点产业领域的技术支撑能力。

五、流程工业控制

任务内容：2025 年初步实现管理决策知识自动化和生产过程全流程协同优化控制，2035 年我国流程工业控制总体上达到世界先进水平，部分行业达到世界领先水平。重点研究应用于流程工业的多源多尺度信息统一表征与分布式处理、知识驱动的资源优化与自主决策、价值链导向的协同控制与优化等方面的关键技术，构建全流程、精细化生产的现代流程工业体系。

发展路径：研究实现从原料供应、生产运行到产品销售全流程与全生命周期资源属性和特殊参量的快速获取以及信息集成方法及路径；研究深度融合市场和装置运行的特性知识，进行管理模式变革；根据实际过程的动态情况，采用物质转化机理与装置运行信息深度融合的方法，研究建立过程价值链的表征关系，实现生产过程全流程的协同控制与优化；研究传感、检测、控制以及溯源分析等新方法和新技术，突破流程工业安全环境足迹监控、溯源分析及控制的基础理论与关键技术。

第三节 网络与安全领域方向

一、天地一体化信息网络

任务内容：2025 年完善并丰富天地一体化信息网络体系架构与标准规范，初步建成全球覆盖的天地一体化信息网络，卫星移动用户容量达到百万级；2035 年全面实现天基信息网络、互联网、移动通信网的深度融合。重点研究天地一体化信息网络架构、星上信息处理与交换、高功率激光光源及高速率调制、高灵敏度抗干扰光信号接收、星地快速精准捕获跟踪与瞄准、光纤非线性抑制等关键技术，开展具备遥感、导航、通信等功能的信息设备一体化设计，支持低功耗绿色通信，大幅提高频谱效率和功率效率，全面提升我国各类卫星与地面网络的综合信息服务的覆盖范围，形成全球信息服务能力，为我国外交、公共安全、海空运输、防灾减灾等领域提供安全可靠的通信保障。

发展路径：依托国家重大工程和科技重大专项，突破核心关键技术，提出具备自主知识产权的天地一体化标准协议体系，建立开放的产品功能、性能和互通性检测检验标准规范，实现自主可控、安全可信的天地一体化信息网络架构；完成核心网络设备的自主研制，扩充优化天基骨干节点，优化提升网络性能，形成一个产业链齐全、先进自主的天地一体化信息网络产业体系。

二、水面及水下通信网络

任务内容：2025 年初步形成近海无线覆盖网络，2035 年建成覆盖我国海域的立体信息网络，形成中远海通信保障体系。重点研究无陆地依托水面动态组网、节点机动分布式信息处理、大容量海上无线通信、基于新型信号处理的水声通信、水下移动组网与交换、新体制水下远距离传输等关键技术，为水文探测、渔业服务、海上救援等多个领域提供信息保障。

发展路径：开展近海及中远海宽带无线网络技术研究，在南海进行试点验证，依托天地一体化信息网络工程，构建以卫星、岛礁、浮台和大型船只为节点，可覆盖我国海域和重要线路的海上无线通信网络。开展水下通信与网络技术研究，在水下通信手段方面取得技术突破，构建包含水声通信、（超）长波、激光以及其他新型水下通信手段的远距离移动水下通信网络。

三、智能泛在物联网

任务内容：2025 年初步实现人－网－物三元互联，有效应对终端接入规模、数据处理性能、能耗和安全等工程技术挑战，连接数量突破千亿级，在智慧城市、智能医疗等领域得到成功应用；2035 年连接数量突破万亿级，建立万物互联的新型智能化信息网络。重点研究智能泛在物联网体系架构、无源感知、柔性电子、人－网－物协同通信、网络认知与自主决策、嵌入式轻量级分布式信息处理、海量数据与热点信息实时分发、物联网应用等关键技术，构建人－网－物三元互联的智能化泛在物联网，实现社会与物理世界的融合。

发展路径：发展无源感知、柔性电子、人－网－物协同通信等技术，加快物联网关键核心产业发展，构建完善的物联网及服务产业链；利用现有公共通信和网络基础设施开展物联网应用研究，促进信息系统间的互联互通、资源共享和业务协同；发展智能化信息网络技术，实现信息资源的智能分析和综合利用。

四、大规模认知化网络安全

任务内容：2025 年，针对新一代网络在规模带宽、传输协议、基础设施结构、通信传输方式、网络应用模式等方面的现实状态，研究面向新一代网络的安全保障技术的认知化安全技术；2035 年，在本质安全基础上，研究主动化安全威胁发现技术，支持精确记录、追踪、溯源、定位攻击者，并对攻击全过程实施取证和处置，从技术和机理上提升网络安全综合保障能力。

发展路径：伴随着网络空间安全重点和重大专项的实施，网络空间资源探测能力不断增强，人工智能和认知计算技术获得突破，人－网－物高度互联互通互操作成为常态，网络空间数据信息分析处理能力极大加强，对各个层次的威胁和过程分析技术能力，以及对潜在未知威胁的监测、分析和预警能力进一步提升。针对本质安全目标，应推进关键信息技术领域自主化工程，实施关键基础设施设备和数据审查，突破大数据环境下的网络空间关键信息追踪溯源、电子取证和主动处置技术，提升网络空间安全保障能力。

五、网络空间治理信息技术

任务内容：2025 年前，开展基于可信身份的网络空间治理技术研究，全面突破并部署十亿级的网络虚拟身份管理技术，建立基于可信身份的网络基础，实现遏制有害信息的传播和扩散、保护用户隐私的目标；2035 年，在人－网－物高度融合网络环境下，全面突破人－网－物深度融合的网络虚拟身份高效管理技术，全面提升我国网络空间重大安全事件的定位、追踪、溯源、分析、控制能力，实现与各类网络应用的高度集成。

发展路径：结合网络空间可信身份管理项目的持续推进实施，全面建立面向人口的虚拟身份管理系统及其相关支撑平台，在可信、可管、可控方面进行重点研究，在重点区域和行业进行试点。重点部署面向联网设备、应用服务以及各类组织机构的身份管理工程研究，完成从技术可行到全面实行的跨越，形成基于可信身份的网络空间管理技术。

第四节　交叉与应用领域方向

一、大数据与人工智能

任务内容：2025 年初步形成大数据开放共享服务及其规范管理的技术标准体系，以及面向领域的实用化人工智能系统；2035 年大数据技术在经济、社会、政治、安全等方面的服务能力达到国际领先水平，部分领域的人工智能系统接近人的智能水平。重点研究 ZB 量级异构大数据管理及分析、大数据知识挖掘与流通、三元知识表示与知识图谱、数据驱动和知识指导相结合的人工智能、探索式机器自主学习、智能体在线学习、类人博弈智能、人机混合智能等关键技术，形成面向领域的人工智能系统定制化生产能力。

发展路径：构建 ZB 量级异构大数据处理系统软件及平台，研究 ZB 量级异构大数据统一表示、语义分析、内容聚合与知识挖掘等技术，形成面向信息、物理和人类社会三元空间的知识表达体系与知识图谱；突破无监督学习、经验记忆利用、注意力选择等难点，研究数据驱动和知识指导相结合的人工智能新技术；研究跨媒体推理、直觉顿悟等探索式机器自主学习方法，形成整合逻辑规则、概率统计和数据驱动等人工智能学习方法的统一框架；研究人与智能体的博弈模型及智能体在线学习技术，形成类人博弈智能基础模型；构建人在回路的环境理解与人机混合智能系统，形成在特定领域达到类人智能水平的人工智能。

二、虚拟现实与自然交互

任务内容：2025 年实现虚拟现实内容的个性化、大众化、智能化生产，2035 年虚拟现实设备及应用逐渐普及，开始改变人类的工作和生活方式，重点研究多维数据获取、智能建模与自然演进、虚实场景无缝融合与逼真生成、多感官高沉浸呈现，以及脑机接口、机器翻译及同声传译、视听力触味体多源人机交互机制及自动化智能生产等关键技术，重点研制超高分辨率真三维显示、全景显示等高端装备，以及轻量化高沉浸感的虚拟现实和增强现实设备等，形成满足经济社会发展重大需求的虚拟现实应用。

发展路径：发展动态环境变化在线感知、多维海量数据智能分析、自动化可信建模仿真与评价等关键技术，实现互联网环境下虚拟现实内容的大众化、个性化、智能化生产与逼真呈现；研制适人化虚拟现实设备、普适型虚拟现实设备及软件等，增强虚拟现实设备的适用性并降低成本，实现视听力触味体多源人机交互；发展虚实融合呈现与交互、多元融合的自然用户界面等，提供虚实融合深度沉浸体验；研究人体生理及行为信息建模仿真，评估用户普适性与应用变革深度，形成全生命周期虚拟人、高沉浸感虚实融合社交网络等满足虚拟医疗、手术仿真、社交网络等领域重大需求的虚拟现实应用。

三、多层次分子元素信息检测技术

任务内容：立足于生态、环境、资源等多个领域对于化学分子成分的监测与控制需求，落实环境保护等基本国策，进一步加快资源节约型、环境友好型社会建设，以创新型化学分子检测及数据风险评估技术的开发与应用为支撑，为缓解我国经济社会快速发展过程中所面临的资源环境等领域压力及风险提供科学依据。到 2025 年，推动若干前沿领域分子检测技术的进一步发展，初步实现大尺度多层次化学分子测量数据的标准化、生态环境质量可视化、治理决策科学化；到 2035 年，建立以大数据为基础的生态、环境、资源等应用信息体系，支撑监测网络化、信息化和以大数据为基础的生态风险评估系统建设。

发展路径：重点发展以精密光谱、质谱、核磁为基础的有危害和潜在危害化学物质与元素分析技术，发展高性能、低成本的传感元器件，实现测量设备小型便携化，完善标准物质库和可溯源快速校准技术；发展差分吸收激光雷达、激光诱导击穿荧光光谱、开放式傅里叶红外光谱等技术，实现大范围、分层次化学分子快速扫描监测；发展以卫星、飞机为载体的多光谱、高光谱甚至超光谱环境化学成分监测技术；建立监测数据的信息化平台及数据分析处理系统，结合长周期、大范围、高精度数据追踪有危害和有潜在危害的化学分子进化进程并预测发展趋势，为相关决策提供有力的数据支撑。

四、激光全息高精细呈现

任务内容：瞄准 2025 年建成激光显示产业示范线并占领显示高端市场、2035 年打造具有自主知识产权激光显示产业集群等战略目标，突破三基色半导体激光器材料生长、器件制备等光源技术；创新视频图像技术、相干噪声抑制等信息处理技术；发展激光显示相关材料、器件等配套技术；开发模块化、低成本整机集成技术；完成相关技术的表征评估和集成，开发出双高清 / 大色域 / 大视场系列化激光显示产品。

发展路径：打造激光显示产业是一种高新技术产业的系统化自主创新过程，需要构建从材料、器件到系统的完整的激光显示技术创新链和产业链，以国家重大工程为牵引，通过开拓全链条设计创新、构建一体化实施模式，集中显示领域创新链中现有的优势单元，组建利益共同体，完成技术研发、工程化和产业示范任务，建成面向行业和企业的激光显示产业公共运营知识产权、标准、技术认证、测试评估、知识产权运营公共服务平台，完成激光显示产业聚集，打造若干激光显示产业集群，带动上下游相关产业发展。

第五节　共性基础领域方向

一、信息功能材料与器件

任务内容：到 2025 年，具备关键信息功能材料与器件的全面自主生产能力，面向信息技术数字化、网络化发展需求，突破超灵敏度信息获取、超大容量信息传输、超快实时信息处理和超高密度信息存储所需的信息功能材料和器件等关键技术，开展前瞻性、先导性、探索性和颠覆性技术研究，促进我国具有国际领先水平的材料和器件的推广应用；到 2035年，形成从材料、工艺到应用的完整产业链，在微型化、集成化、多功能化、智能化信息功能材料与器件领域发展出一批具有国际竞争力的技术。

发展路径：探索具有新效应的信息功能材料，进一步挖掘半导体、光纤、激光晶体、人工带隙材料、超导、石墨烯等材料的应用潜力，加强新型功能材料的制备和测量能力；在已具有国际先进水平的材料领域加大器件和系统的研制生产能力，实现信息功能材料和器件产业链升级；设计研制具有新原理的新型信息器件，促进信息材料从体材料向薄层、超薄层微结构材料过渡，并向光电信息功能集成芯片和有机/无机复合材料以及纳米结构材料方向发展，研制高性能、多功能、低成本和小型化传感器，实现量子调控、光电集成、极端传感、智能仿生等领域急需的信息材料和器件的突破。

二、超高速大容量多维光信息技术

任务内容：2025 年，在"宽带中国"的基础上进一步发展光通信网络，突破光子集成、全光互联、面向宽带接入的新型光通信系统与网络等关键技术，光信息技术从基础性环节推动信息产业的革新，进而大幅提高社会效率，推动经济全面发展；2035 年，光纤通信技术和自由空间光通信技术相结合，解决星际、星地、地面信息传输和处理问题，推动超高速、大容量、多维光信息技术在全球立体范围内的广泛运用，进一步促进经济社会发展。

发展路径：利用互补金属氧化物半导体（complementary metal oxide semiconductor，CMOS）微电子工艺实现硅光子器件集成制备技术；平滑升级现有网络光收发单元至超 100GB 量级，保持最长传输距离不变的同时提升光纤频谱资源利用率和频谱效率，引入先进的调制编码和光电集成技术进一步降低单位比特成本；提高光通信技术中的复用维度，包括时分、波分、频分、码分、模分等；促进 IP 与光网络深度融合；发展光层的灵活调度和高效处理技术；开发与推广高效和低成本、中短距离城域高速传输直调直检技术。

三、基于量子物理的计量标准与应用技术

任务内容：到 2025 年，发展基于量子物理的新一代计量基标准，促进我国计量基标准总体达到与国际先进并跑水平，在部分领域达到领跑水平，国际互认测量能力进入世界前三，并为国际单位制重新定义作出实质性贡献；2035 年，我国量值溯源体系运用量子物理技术更加紧凑和有效，为新物理机制和新应用技术的探索提供更加精准的标尺，促进我国突破极限、智能互联、嵌入泛在可溯源测量能力的发展，为长周期、大范围、分层次、多类型测量数据的有效通用提供坚实的参考基础。

发展路径：聚焦支撑国家质量基础建设、提升国际竞争力等重大需求，凝练重点任务，包括新一代量子计量基准、新领域计量标准、高准确度标准物质和量值传递扁平化等。开展基本物理常数的精密测量技术研究，包括普朗克常量、阿伏伽德罗常量、玻尔兹曼常量等；开展基于基本粒子的基准量子器件研究，包括单电子电学基准、单光子光学基准、单原子或单分子物质的量基准等；运用高水平量子器件和量子增强技术验证基本物理定律及复现重要国际单位；进一步开展频率基准相关研究，包括小型化和标准化的原子钟或光晶格钟、利用 X 射线的更高频率光钟、溯源至频率的长度、热力学和光学基准等研究；开展高度集成小型化的量子标准研究，包括芯片尺度的光学频率梳、光子辐射源和探测器、热力学温度计、量子电阻和电压器件等。鼓励中国科学技术人员提出建立"基于量子物理的计量标准"的创新方法。

四、量子通信与量子计算

任务内容：到 2025 年，在量子通信方面，光纤量子密码技术获得更

多国家机要部门的推广应用，空间量子密码技术逐步得到发展，局部突破基于量子纠缠的量子通信和量子网络关键技术；在量子计算方面，研制具有相当规模的量子比特实验平台和可实用的固态量子存储器等关键器件。到 2035 年，在量子通信方面，核心器件实现自主研发，推动与经典网络的融合、标准制定，开展城域量子通信、城际量子通信、卫星量子通信关键技术研发，初步形成构建空地一体广域量子密钥分发传输系统的能力，全天时卫星量子密钥分发传输技术获得应用；在量子计算方面，量子芯片和量子编程能力得到长足发展，为实用量子计算机的研制成功打下扎实的基础。

发展路径：利用不同层次技术综合解决量子通信与量子计算等问题，解决量子比特大规模扩展问题；全面考察基于不同科学原理的各种物理体系在量子通信和量子计算方面的优越性和瓶颈，以及不同体系之间的互补性，从材料和制备工艺、测量系统等着手延长量子相干保持时间，实现高精度、高效率的量子态制备、传输、测量和量子逻辑门，制备更多粒子的量子纠缠，实现通用量子计算基本功能，能运行和编译量子程序，实现存储和操控分离的全功能量子电路；开展量子计算算法和通用量子计算机体系结构方面的研究，发现更多具有重要应用意义和明确量子加速能力的量子计算算法，探索建立更高效率的通用量子计算体系结构；研究人－经典计算机－量子计算机之间的人机交互软件。

第六节　技术路线图

信息与电子领域技术发展路线图如图 5-1 所示。

图表：面向 2035 年的中国信息与电子领域工程科技发展技术路线图

	2017—2025年	2026—2030年	2031—2035年
愿景	以信息技术为代表的新一轮科技革命方兴未艾，人类对信息的感知能力成为创新驱动发展的先导力量		
需求	世界各国加快信息网络数据化、智能化战略布局，图谋信息革命的感知能力前沿；我国进入新型工业化发展的关键时刻，个性化、高精准、全覆盖、大数据、网络化的信息网络应用的关键时刻；附精将全球应用体系多层次		
发展思路	面向国家重大需求，夯实信息电子领域重点任务，带动世界科技前沿；加强前瞻性和基础研究，实用化为牵引，强化信息系统综合集成领域发展；以重大工程应用为牵引，把信息技术革命成及领域交叉融合；持续提升信息电子领域的安全可控能力，保障国家战略安全	面向国民经济主战场，面向信息电子领域国际竞争制高点，构筑国家持续发展新空间；我国信息电子领域在国际上的话语权和规则制定权显著提升，信息电子领域工程科技水平整体迈入世界先进行列	
目标	基本实现关键信息技术的自主，构建信息安全可控的信息技术产业体系，国际竞争力大幅提升，信息电子领域工程科技部分进入国际先进行列		
基础研究	适应自然环境的视觉认知计算理论及方法；自适应长期生存软件的基础理论及方法；大数据与人工智能的理论体系；量子信息技术基础理论与方法；智能感知与传感理论；新型信息网络架构与基础传输理论；网络空间安全		
关键技术	人工智能驱动的多目标动态优化的决策与可控制理论及关键技术；先进计算理论及关键技术；大数据技术；智能化软件；全球立体遥感、导航、通信技术；新型功能材料与器件；天地一体化信息技术；网络虚拟身份的管理技术；大规模网络攻击的过程和机理分析技术；高速大容量多维光信息传输与处理技术		
重点任务	发展计算、软件与控制技术，支撑以数据智能为核心的信息产业创新；突破建模与仿真技术，支撑基于大数据的工程与科学创新，拓展人类认识世界和改造世界的能力；全面部署十亿级别的网络虚拟身份管理技术；突破智能传感、感知集群，发展产业集群、发展智能互联，打造未来信息化平台，促进交叉融合，推动数据互联网互通，筹建未来智慧生活；具备关键信息材料和器件的全面自主生产能力，突破新型网络核心通信理论，发展基于量子物理的新一代计算基标准	构建全域覆盖、智能泛在、一体化信息网络；移动宽带、智能泛在、安全可控的一体化信息网络	
重大工程	天地一体化信息网络（《"十三五"国家科技创新规划》）；大数据（《"十三五"国家科技创新规划》）；高性能计算工程；光电子与光网络工程；新一代人工智能（《新一代人工智能发展规划》）；量子通信与量子计算机（《"十三五"国家科技创新规划》）；国家网络空间安全（《"十三五"国家科技创新规划》）	实现理论突破和技术创新，提升中国国际战略竞争地位，从基础研究环节推动信息产业升级	
重大科技专项	先进集成电路；新型网络体系；加强领域总体规划，建立健全全科研项目及项目管理机制；加强产学研结合，探索重大科技任务及推进的新模式；重视战略部署，加大对高新技术产品和系统的投入		
对策	加强国际合作，努力提高信息技术水平领域实力；国家网络空间安全；重视基础技术研发和人才培养，保持社会发展活力		

图 5-1 面向 2035 年的中国信息与电子领域工程科技发展技术路线图

第六章
未来发展建议

第一节 基础研究方向建议

一、适应自然环境的视觉认知计算理论及方法

适应自然环境的视觉认知计算理论及方法已成为制约自动驾驶、服务机器人等领域发展的关键。为此，需要重点针对关键科学问题"如何形成面向一般场景、处理一般任务、由场景驱动的视觉认知计算理论方法体系"开展研究，支撑智能健康信息技术等重大工程科技专项的开展实施。

基础研究方向：研究非侵入式超高时空分辨率脑信号获取、脑功能网络建模与神经信息编解码、脑机交互与融合等神经信息获取与计算理论方法；研究融合大脑认知、记忆与学习等机理的类脑化计算理论方法，开展海量碎片化知识表示与适配、面向开放动态环境和 PB 量级大数据的机器学习等理论方法研究；研究社交化/情景化信息内容分析处理、大规模视觉计算、多模态高通量生物特征识别、新一代高效视频编码、跨媒体深度搜索与智能媒体等理论方法，形成一系列理解自然环境的视觉认知计算理论方法。

二、自适应长期生存软件的基础理论方法

作为基础设施的软件制品需要有数十乃至上百年的生存期。在此期间，软件需求、环境以及运行平台均可能发生重大变化。为此，需要重

点针对关键科学问题"如何构造、运行、使用和深化可感知、能学习、会演化、善协同、自动适应环境、具有长期生存能力的智能化软件"开展研究，支撑高性能计算工程、天基全球监测工程等重大工程的开展实施。

基础研究方向：研究集成化的智能化软件基础理论与方法，支持新型复杂性与可信性软件基础理论方法、新型软件方法学与支撑平台、新型基础软件业态与应用模式等；提出面向开放情境的高可信与自适应软件、面向开放动态环境的新型机器学习、虚实融合智能建模、跨媒体计算和群体智能等理论方法；研究汇聚群体智能的新型软件开发机制、服务人－网－物融合的智能化软件操作系统等理论方法系统；开展大规模并行程序的错误检测调试与自动化修复、复杂软件系统自适应与持续演化等方法研究，形成自适应的长期生存软件基础设施，使软件基础设施系统能够主动感知并恰当地应对需求、环境和运行平台的演变，持续提供质量可度量、可验证的服务。

三、大数据与人工智能的理论体系

大数据中蕴含了对类人智能、仿脑智能、自主智能、混合智能和群体智能等领域具有重要意义的人类智慧与知识，为使其价值最大化，需要重点针对关键科学问题"如何充分发挥人类群体在大数据分析过程中的重要作用，解决机器学习、人机协同智能等领域共性基础难题，建立新一代人工智能理论体系"展开研究，支撑高性能计算工程、数据安全工程等重大工程和智能健康信息技术等重大工程科技专项的开展实施。

基础研究方向：研究大数据的知识表达体系与知识图谱理论，提出信息、物理和人类社会三元空间大数据的泛在发现、协作收集、数据表达与优选等方法；针对认知的需求多样性和知识不确定性，研究大数据精确计算与非精确计算理论，以及群智认知的质量控制、定量评价方法与知识冲突消解机制；研究自主学习、在线学习、人类协作、群智汇聚等机器学习理论方法，实现人类群体的认知能力与计算机强大的处理能力的深度融合。

四、量子信息技术基础理论与方法

为构筑我国具有自主知识产权的量子信息技术科学基础，在未来的国际战略竞争中抢占核心技术的制高点，应围绕新原理突破、原型器件研制、功能集成和应用等环节中的关键科学问题，突破新材料开发、新结构制备、新物态调控等核心技术，为构建空地一体广域量子密钥分发传输系统、可扩展量子信息处理、大尺度量子计算和量子模拟以及量子精密测量奠定可靠的理论与方法基础。

主要研究方向如下。

（1）量子器件与应用，包括：高精度可控单电子、单光子、单原子/分子源；高精度量子数目可分辨传感器；量子态探测、传输和存储器件；基于高性能量子器件的波粒二象性等量子/经典物理特性检验；高度集成小型化的量子标准，包括芯片尺度的原子钟、光学频率梳、光子辐射源和探测器、热力学温度计、电学器件等；关联量子体系、小量子体系、人工带隙体系新效应和调控方法。

（2）量子精密测量，包括：突破标准量子极限的量子强化测量技术研究，基于量子体系的超高灵敏度物理量探测技术，可控少体量子关联态的制备、表征及在突破标准量子极限精密测量中的应用；原子频标新原理技术研究、X射线频率精准测量技术；基本物理常数和参量高精度测量技术研究、基本物理定律高精度检验；分子原子体系精密光谱与超精细结构精密测量。

（3）量子通信，包括：真单光子/电子保密通信系统研究，可溯源至国际单位制的高精度可控单光子源和光子数分辨单光子测量基准；高性能实用单光子和纠缠光子源以及测量器件无关量子密钥分发技术；基于固态介质的单光子量子存储器；基于太阳暗线的量子光源，强背景噪声隔离和抑制技术；星间量子通信和全天时卫星量子通信系统。

（4）量子计算，包括：光学微腔与原子能级体系的耦合技术，超越商业计算机计算能力的光量子芯片研制；基于超冷原子和分子体系定位操纵的量子模拟机样机研究；固态量子体系退相干机理研究和快速量子模拟方法研究；多量子比特系统的噪声抑制技术和高效量子相干操控方法，可容错规模化多量子比特扩展技术；可用于拓扑量子计算的非阿贝尔任意子的产生、操纵和探测技术；逻辑操作通用门集。

五、智能感知与传感理论

在智能家居、精准农业、林业监测、军事攻防、智能建筑、智能交通等领域，作为信息技术应用的第一个环节，测量与感知技术将继续朝着多手段、多功能、智能化、分布式、超精密等方向不断迈进，为人们的智能生活提供更为便利的服务。感知技术涉及先进材料、基础工艺、生物化学、电磁学、量子学、仿生学、生态学以及社会科学等诸多领域，需要材料、工艺、探测原理、目标特性等基础研究的支撑，同时为天基全球监测工程及其他重大工程科技专项提供支撑。

主要研究方向：复杂环境感知技术，目标综合识别技术，认知探测技术，分布式探测融合技术，超高分辨率精密测量技术，传感器制造工艺，可穿戴化技术，低功耗柔性材料技术，低阈值量子探测器技术，类器官仿生传感，仿真人体芯片，以及各类热敏、光敏、气敏、湿敏、力敏、磁敏、声敏、离子敏和生物敏等传感器技术。

六、新型信息网络架构与基础传输理论

日益增长的网络规模、越来越高的用户需求、指数式增长的数据流量给现有网络体系和传输技术带来严峻的挑战，急需突破 TCP/IP 体制光纤非线性化的限制，扩展香农理论和电磁波理论的应用，支撑光网络工程和新型信息网络体系专项的实施。

主要研究方向：网络基础理论与体系架构；新型通信与信息传输理论；光通信大气信道建模与补偿方法；光收发与全光交换；全光信号处理与光存储；新体制水下远距离通信基础理论与方法。

七、网络空间安全基础理论

量子、生物等新型革命性计算技术正在发展和成熟，其原理性的变革和超强的计算能力势必给现有密码体系与技术带来挑战，可抵抗强大的计算能力、容忍关键参数泄露、对大规模攻击免疫的密码技术的研究将成为未来密码技术发展的主流方向。此外，随着大数据和人工智能技术的深入

发展，体系化、智能化的攻防手段也势必催生认知化的网络攻防技术。

主要研究方向：新一代密码体系、认知安全的基础理论与技术。

第二节　重大工程建议

一、高性能计算工程

（一）必要性和重要意义

高性能计算是世界各大国竞争的战略制高点，也是体现国家综合实力的标志之一。计算模拟已成为继实验、理论之后新的科学研究范式，已经并将继续有力推动新理论的提出、新技术的突破和新产业的诞生。人类社会进入信息化时代后，对计算、存储能力的需求快速上升、永无止境。实施高性能计算重大工程将有力拉动基础技术进步，提升科技创新能力，推动人类面临的重大挑战问题的解决和催生新型产业发展。

（二）需要突破的技术瓶颈

未来，并行处理模式仍将是最重要的技术途径，并面临多方面的重大技术挑战，主要有：$10T \sim 100TFLOPS$ 量级的高性能微处理器技术，面向智能领域的新型计算器件技术，单波长 $1 \sim 10Tbit \cdot s^{-1}$ 量级的高带宽低延迟通信技术，$100PB \sim 10EB$ 量级的大容量高带宽新型存储技术，每瓦 $TFLOPS$ 量级能效比的低功耗控制技术，并行规模达百万节点系统的高可靠容错技术、并行程序设计和调试技术、系统管理监控技术等，亟待新型计算、通信、工艺等基础技术的突破，以及系统体系结构设计、并行编程模型和资源管理模式等方面的创新突破。

（三）愿景目标

预计到 2025 年，基于传统半导体工艺的通用型 E（每秒百亿亿次）

量级的高性能计算系统进入实用化水平；面向大规模科学与工程计算需求的计算软件及设计工具链成熟，软件开发的简便性、有效性大幅提高；面向大数据处理、智能协同等领域的专用型高性能计算系统的能效比可以比目前水平提升 5 ~ 6 个数量级，机器智能水平将大幅提升。到 2035 年，基于新材料、新机理器件 Z（每秒十万亿亿次）量级的高性能计算系统进入实用化阶段；基于量子、生物等新原理的新型计算技术将获得重大突破，可望进入专用计算领域。

二、光电子与光网络工程

（一）必要性与重要意义

地面通信网均建立在光传送网络基础上，移动通信网除了接入段也都基于光传送网络，光网络技术以各类专网、数据中心、接入网、城域网、省内干线网和国家省际干线网等形式应用，按一定周期升级换代。光网络已经成为衡量一个国家综合实力和国际竞争力的重要标志之一。光电子器件是光网络系统的核心技术。

从目前网络流量增速看，2015 年全球每月 IP 流量达到 59.9EB，预计 2019 年每月将达到 168.4EB，视频流量将占所有 IP 流量的 80%。以移动互联网为代表的全球 IP 流量高速增长，全球移动数据 2015 年同比增长 74%，与 15 年前相比增加了 4 亿倍。流量增速给我国光网络传输能力带来巨大挑战，网络传输能力每十年扩容一千倍迫在眉睫。

从发达国家战略看，欧盟"地平线 2020"计划部署光电子集成项目；美国国家科学研究委员会在 2013 年发布的 *Optics and Photonics, Essential Technologies for Our Nation* 报告中指出，光子技术是唯一能够支撑信息通信指数增长需求的技术。2015 年 7 月美国斥资 6.1 亿美元建立了美国集成光子制造业创新研究院，旨在促进集成光子研发和技术变革。美国部署动态多太比特核心光网络（dynamic multi-terabit core optional networks，CORONET）计划；欧盟第七框架计划（7th framework programme，FP7）

部署了"DICONET"和"BONE"项目，日本部署了"AKARI"计划。全球有 64 个国家发布了网络空间战略，聚焦信息基础设施核心技术研发，光传输将迈入 TB 量级和 PB 量级时代，而我国高端光电子核心技术已严重落后。

从产业发展看，我国光网络系统设备生产企业一直处于国际领先地位，仅国内前三家公司已占全球市场 40% 以上。然而，我国仅具备中低端光电子器件的生产能力，综合国产化率仅为 12%，中高端系统空心化问题严重。我国高端光电子芯片主要依赖发达国家，国外屡次颁布针对我国的光电子器件和芯片禁运条例，对我国网络技术的发展和国家信息传输能力的提升构成了重大威胁。

我国近年来发布的"宽带中国"战略、"一带一路"倡议和《中国制造 2025》行动纲领中，都明确了发展光网络核心技术和突破核心元器件技术的迫切需求。

（二）需要突破的技术瓶颈

近期需要突破的技术瓶颈包括以下几方面。

在 InP/GaAs 材料方面，突破 25Gbit·s^{-1} 直接调制激光器／电子吸收调制激光器（directly modulated laser/electro-absorption modulated laser，DML/EML）、垂直腔面发射激光器（vertical cavity surface emitting laser，VCSEL）、10×10GB 集成芯片、技术，窄线宽波长大范围可调激光器等芯片技术。

在硅光技术方面，突破 100Gbit·s^{-1}／（400Gbit·s^{-1}）调制解调芯片，硅光收发集成芯片技术，硅光芯片与光源、光纤间低耦合损耗封装技术，宽温度范围大功率激光器光源（>50mW）等技术。

在高速集成电路方面，突破 25Gbit·s^{-1} 速率的驱动器芯片、跨阻放大器（trans-impedance amplifier，TIA）、时钟数据恢复（clock data recovery，CDR）芯片技术，50Gbit·s^{-1}PAM-4 等芯片技术。

在光网络方面，用软件定义网络（software defined network，SDN）初步实现网络的软定义和动态连接；实现以用户为中心，功能模块化，资源能共享，能力能开放，策略能编排，业务紧耦合，服务能体验，网络能自愈，管理能统一；实现网络的智能、灵活、开放、可扩展、高效、大容量和按需定制，解决过去光网络结构僵化、模式复杂和运行低效问题。

在光传输方面，着力突破新型高效编解码和调制、非线性抑制、空分复用/模分复用等新型多维复用技术，波长可调可重构光分插复用器（reconfigurable optical add-drop multiplexer，ROADM）、光线路交换/光突发交换/光标记交换等全光网技术。

远期需要突破的技术瓶颈包括以下几方面。

在光电集成方面，首先，在 InP 和硅光混合集成方面取得突破，实现 Ⅲ-Ⅴ 族光源和硅光芯片的晶圆级混合集成，初步实现 1Tbit·s⁻¹/（1Pbit·s⁻¹）光子芯片的单片集成；其次，在硅基发光材料机理和硅光源技术方面取得突破，实现硅基光子单片集成；在此基础上，结合高速模数/数模转换器、DSP 等集成电路技术突破，最终实现大规模光电单片集成。

在 InP/GaAs 材料方面，突破 56Gbit·s⁻¹ DML/EML、VSCEL 和 10×100GB 集成等芯片技术。

在复用技术方面，实现针对多芯光纤、少模传输中的光连接器、光放大器、光滤波器等系列关键光器件技术突破。

在光交换方面，实现超大规模光交叉连接矩阵光开关（1024×1024或更大尺度）突破；实现用于光包交换的高速光开关、光缓存等逻辑器件的技术突破。

在光网络方面，用网络功能虚拟化（network function virtualization，NFV）实现全程全网及大范围服务和网络功能虚拟化、模块化，设备功能软件定义，软硬件分离，控制转发分离，架构灵活，业务集中控制，网络切片；实现网络和设备架构的按需定制，改变过去的架构单一、不灵活和死板问题。业务与网络、用户与网络分离，用 SDN 和 NFV 实现用户、性能、流量、配置、计费、安全等按需管理。网络功能和业务开放，全程全网集中软管控，业务快速上线和统一运维，业务和策略按需定制，网络按需服务，大数据智能，产业链开放，改变过去的单一管道和固化的运营模式。

在光传输方面，努力攻克新型特高效编解码和调制、高阶非线性抑制、轨道角动量等新型多维复用光纤通信、灵活栅格和超密集波分复用

ROADM、光分组交换和全光交换网络体系架构等全光网技术。

（三）愿景目标

总体来看，未来 5～10 年，光电子器件将继续沿着更高速、更节能、更紧凑的方向发展，将对光通信、无线通信、数据中心和超级计算系统以及量子通信的发展起到越来越重要的作用。

未来 5 年，在光网络方面，将初步实现网络的智能、灵活、开放、可扩展、高效、大容量和按需定制，初步实现网络的软件化、硬件的标准化。光器件的硅基化将成为主旋律，硅光相干光收发模块的市场份额将达到 40% 以上，数据中心内部 100Gbit·s^{-1} 硅光收发模块的份额预期将达到 50% 以上。同时，基于 InP 基和硅基光子集成技术的 400Gbit·s^{-1} 光模块将实现商用化。光电子器件综合国产化率提升至 25%，国内公司光网络系统设备占全球市场的 55% 以上。

未来 10 年，在光网络方面，将实现全程全网及大范围服务和网络功能虚拟化、架构灵活、业务集中控制、网络切片，实现网络和设备架构的按需定制，实现网络的软件化、硬件的标准化、设备的开源化。光芯片将与电芯片实现一体化混合集成，硅与 Ⅲ-Ⅴ 族材料实现融合；400~800Gbit·s^{-1} 光器件技术获得普及，相干光器件和数通光器件成本将降低至约 1 美元/（Gbit·s^{-1}）或更低；DSP 或中央处理器（central processing unit，CPU）将与光芯片实现混合集成，高端芯片的外部互连将主要基于光子技术；多芯光纤、少模技术将实现突破。光器件的速率从目前 100～400Gbit·s^{-1} 的水平提升至 1～10Tbit·s^{-1}；基于石墨烯、表面等离子体、聚合物等材料的光器件有望问世；预计实现在硅基芯片上的 Ⅲ-Ⅴ 族、石墨烯、聚合物等多种材料的异质集成；预期在速率、功耗和集成度等性能上实现颠覆性突破。光电子器件综合国产化率提升至 40%，国内公司光网络系统设备占全球市场的 70% 以上。

未来 20 年，在光网络方面，将实现大范围和端到端的 SDN 编排、云编排、现网编排、云网协同编排，以用户为中心，实现光网络按需架构定制、网络定制和运营定制。光纤的单纤传输能力从 100～400Gbit·s^{-1} 水平提升至 10～100Tbit·s⁻¹，需从光子材料、光电互作用机理和集成方案上进行根本性革新；基于新型纳米材料的超低功耗光收发技术取得突破，单个光子集成电路（photonic integrated circuit，PIC）芯片吞吐率预期达 100Tbit·s⁻¹ 级；一维封装提升至三维；出现单片光电大规模集成芯片；实现硅基光源，PB 量级光器件技术开始应用，相干光器件和数通光器件成本将降低至约 0.1 美元/（Gbit·s⁻¹）或更低；DSP 或 CPU 将与光芯片实现单片集成，高端芯片的外部互连将全部基于光子技术；光纤的单纤传输能力预计提升至 1000Tbit·s⁻¹；多芯光纤、少模技术将实现商用化；光存储、光包交换器件实现重大突破，并局部商用；3D 光子打印、柔性光电子集成等新型制备工艺将获得应用；光纤无线通信进一步融合，将出现类似"光子天线"等直接使用光作为大容量的无线传输模式技术；光纤通信技术进一步运用至卫星、天空移动飞行器、陆地光网络、海洋光网络，形成从海洋至太空全方位的"海陆空天一体网"。我国将实现光网络系统中核心器件的自主可控与引领发展，彻底改变我国光电子器件严重依赖外国的被动局面，光电子器件综合国产化率提升至 70%，国内公司光网络系统设备占全球市场的 85% 以上。

三、天基全球监测工程

（一）必要性与重要意义

天基全球监测通过多种卫星平台对各类目标进行监测，其监测对象包括航天器、空间碎片、隐身飞机、导弹、低空目标、海面目标等。本工程重点针对空间碎片和海面目标。

对于空间碎片，由于其数量巨大（尺寸在 10cm 以上的约 2.3 万个，1～10cm 的约 50 万个，1cm 以下的几千万至上亿个），严重影响航天器的正常运行。因此，构建完善的空间碎片探测与预警体系十分必要。目前美国已编目空间碎片 2 万多个，尺寸达 5～10cm，而我国才编目 8000 个，尺寸为 20～50cm。所以开展空间碎片高精度探测与预警十分紧迫。

对于海面目标，由于东海、南海问题十分突出，我国海洋安全面临严峻的挑战。为此，对海面目标的准确探测预警十分必要。目前我国对海面目标的探测能力很弱，其中雷达探测存在目标反射信号弱的问题，光学探测存在水汽及耀斑影响大的问题；信息传输主要靠无线电，存在速率低、保密性差、易受干扰等问题。所以开展海面目标高精度探测与预警十分紧迫。

（二）需要突破的技术瓶颈

在天基全球监测，特别是空间目标和海面目标监测方面，面临多项重大技术挑战，主要有天基多源、高速、运动空间碎片测距、跟踪技术，天基暗、弱、小碎片成像识别技术，多维信息融合与实时高速可靠传输技术，适应水汽与雾霾、耀斑环境的海面目标偏振/光谱/红外综合探测技术等。此外，空间目标探测的卫星星座组网策略、构建新型监测装置方面亟待创新突破。

（三）愿景目标

（1）构建空间目标天基测距/成像/通信一体化装置，具有低轨 $1 \sim 5cm$、高轨 $5 \sim 15cm$，距离 $1000 \sim 2000km$ 的探测能力。

（2）构建复杂背景下海面目标天基探测设备，具有穿透雾霾、适应耀斑的能力，与传统设备相比，探测对比度提高 30% 以上。

（3）开发星上信息处理软件，对海面目标同时探测数量可达 100 个，跟踪准确率可达 90% 以上。

（4）配置信息传输系统，天基/空基激光通信速率可达 $2.5 \sim 40Gbit \cdot s^{-1}$；海面及海空间采用无线电/激光互补通信，速率可达 $0.6 \sim 2.5Gbit \cdot s^{-1}$。

四、数据安全工程

（一）必要性与重要意义

未来，大数据和人工智能技术的快速发展将极大地改变人类利用网络的方式，基于网络的攻防将朝着具备智能化、认知化的方向发展，数据的采集、存储、传输、使用等各个环节都会带来数据安全和隐私的风险，需要利用信息技术和社会治理的综合手段加以解决。

（二）需要突破的技术瓶颈

通过研究以主动安全、过程安全为基础的数据安全工程技术，在全国范围内实施基于本质安全、保护关键信息系统数据安全的国家级大数据平台及综合防护工程；通过研究网络空间的隐私防护技术、虚拟身份管理技术，建立面向新一代超大规模泛在网络的虚拟身份管理系统，形成网络空间治理的可信基础；全面突破信息内容的理解和研判技术，特别是基于大数据分析的内容安全技术，重点实现安全事件的追踪溯源、网络失泄密检测和网络情报分析，形成网络空间安全的技术保障。

（三）愿景目标

通过实施大数据安全工程，结合可信身份管理和综合安全保障，全面突破大数据安全的可信保障和权利保障问题，并基于此形成基于大数据的认知安全技术体系和大数据安全的多层次保障环境。

第三节 重大工程科技专项建议

一、先进集成电路重大工程科技专项

（一）必要性与重要意义

以集成电路技术为代表的微电子材料与器件技术、半导体制造技术，正经历着前所未有的巨变和挑战。按照摩尔定律，集成电路制造在 2020 年左右达到 7nm 以下技术节点，传统制造技术正在走向物理极限，进入微观物理的范畴。先进集成电路技术作为探寻后摩尔时代半导体技术（包括新型器件和制造工艺）的主攻方向，决定着以集成电路技术为代表的半导体产业的未来走势。

摩尔定律的趋缓意味着传统集成电路产业的发展正面临着巨大的技术瓶颈。一方面，传统产业技术演进速度正在变缓；另一方面，新技术变革越来越活跃，将催生全新的产业技术和产业模式。因此，在产业技术变革之际，提早布局先进集成电路技术的开发，将为我国参与全球竞争、实现技术超越提供有力支撑。

（二）现存需要突破的技术瓶颈

在集成电路产业的当前和未来发展过程中，需要突破的关键系统技术如下。

（1）5nm 及以下技术节点的成套芯片制造工艺技术，包括极紫外（extreme-ultraviolet，EUV）光刻的全系统技术、高迁移率沟道器件技术等。

（2）新型器件的研发技术，包括围栅技术、负电容栅技术、隧穿场效应晶体管技术、纳米线与碳纳米管器件技术等。

（3）相关新材料技术，包括450mm 及 600mm 硅片的制造工艺技术、碳化硅/氮化镓/Ⅲ-Ⅴ族材料、超薄绝缘体上硅（silicon-on-insulator，SOI）技术、石墨烯技术等。

（4）新型存储器技术，包括三维与非门（3 dimension not-and，3D NAND）闪存、非挥发性存储器等技术。

（5）集成电路芯片设计技术，包括设计 IP 核技术、电子设计自动化（electronic design automation，EDA）技术、可重构计算技术等。

（6）硅基光电技术，主要指硅材料上的光互联技术。

（三）愿景目标

应面向国家战略和产业发展的需求，重点发展集成电路制造业的工艺制程技术。到 2020 年，实现 14nm 技术的量产。到 2030 年，实现 5nm 技术的量产。到 2035 年，实现 3nm 及以下技术的量产，开发出可应用的超越摩尔定律的器件，如量子器件、原子/分子器件、新型硅光电子器件等；根据器件技术和制造技术的开发需求，集成电路制造及相关半导体技术的装备和材料国产化率不低于 60%。

二、新型网络体系重大工程科技专项

（一）必要性与重要意义

随着网络规模快速扩大，网络应用场景和流量模型正发生着深刻的变化。云计算业务的繁荣推动着数据中心网络向规模化和集约化的方向发展；物联网终端的部署将使网络连接呈现数百倍的增长；以高清视频为代表的高带宽业务充斥着网络管道，造成网络巨大的冗余流量；车联网、卫星网等高动态网络形态更加强调高效、可扩展的移动组网能力；虚拟现实、增强现实（augmented reality，AR）等沉浸式技术需求对网络实时性提出了更高要求；工业互联网、能源互联网等网络与实体经济的深度融合对网络服务质量和安全性提出了更为严苛的要求。

面对以上变化趋势，互联网的 IP 地址过去几十年"打补丁"式的自我演进进程逐渐遭遇瓶颈，在协议灵活定义、内容高效传输、按需服务保证、移动组网、网络安全等方面无法提供较好的解决方案。在上述态势下，我国急需开展相应基础研究，抓住互联网发展变革机遇，集中力量突破未来互联网基础理论与核心关键技术，推动我国网络技术产业创新式发展。

（二）现存需要突破的技术瓶颈

针对未来网络中的高动态、高吞吐、低时延、内生安全、产业融合等发展趋势和新兴应用场景，未来网络领域需要突破的技术瓶颈有以下几点。

（1）新型寻址解析技术。随着物联网的广泛部署和引入，传统网络中的 IP 地址已无法满足大规模节点的移动性需求，网络寻址面临严峻挑战，急需研发面向海量物联网接入的新型网络寻址与解析机制，重点推动多根域名解析，形成完整的编址和解析机制，摆脱传统根域名服务限制。

（2）新型以太网协议。互联网应用与工业、能源等经济领域的深度融合，对通信网络的可靠性、实时性、服务等级划分、海量数据处理等提出了更高的需求，急需突破面向长距离、高实时、高可靠、具备服务质量等级划分和灵活管控能力的新型以太网协议。

（3）传输层协议。未来网络中将充斥着高清视频、虚拟现实等业务，对网络的高吞吐、低时延、零阻塞等具有异常苛刻的性能要求，传统 TCP/IP 已难以满足需求，急需突破面向高吞吐、低时延网络的传输层协议，为上述业务提供稳定的传输管道。

（4）网络控制技术。随着未来网络规模和复杂度的持续增长，尤其是物联网的广泛应用，现有的网络控制技术已无法有效应对可能出现的各种异常突发事件，急需突破面向网络场景的高可靠人工智能决策技术，对 SDN 控制器采集的大数据进行深度学习，具备对大部分网络故障或安全隐患的主动排查能力。

（5）网络内生式安全机理。针对传统互联网缺乏体系化安全设计的问题，研究通信实体可信标识与编址技术、路由转发自认证协议、信任链传递模型、安全与隐私折中策略，建立从终端、网元、协议到应用系统具有先天安全防护和免疫能力的网络，实现网络安全的主动监测、主动认证与告警。

（三）愿景目标

预计到 2035 年，我国将攻克新型网络体系结构技术，完成网络原型系统设计，推动协议标准化和产业化，最终实现具备实时在线、海量连接、浸入式带宽、低延时、无阻塞、高可靠、自管理、内生安全特性的新型网络体系结构，支撑新型业务需求和产业深度融合。

三、智能健康信息技术重大工程科技专项

（一）必要性与重要意义

人的健康保障，包括身体健康和精神健康的防病、治疗和养老服务，已经成为社会和国民经济发展的重大课题。它涉及医疗、教育、环境、食品等诸多领域，既要求能个性化、精准化，又要求普惠和高效。这些领域正在迎来重大变革和机遇，其必然的趋势是需要整合、发展和应用新的智能信息技术，包括物联网、大数据、云计算和人机互动界面等智能信息技术。智能健康信息技术将对优化健康医疗资源配置、创新健康医疗服务的内容与形式产生重要影响。智能健康信息技术必将成为继续深化医疗改革、推进健康中国建设和保障人可持续发展的重要技术支撑，特别是我国将在 2030 年迎来人口老龄化高峰，在 2050 年进入深度老龄化社会。智能健康信息技术也将成为缓解医疗资源供需矛盾、提高医疗效果及患者生活质量的主要技术途径。

（二）现存需要突破的技术瓶颈

（1）可穿戴健康设备。可穿戴健康设备是未来智能健康信息获取的重要入口，将发挥健康数据实时监测、节约医疗成本和改善医疗服务等作用。需要重点突破精准健康测量传感、极低功耗设计和智能健康数据分析等关键技术瓶颈。

（2）医疗健康机器人。重点研制医疗辅助机器人和助老助残机器人，从而能够完成精细度和复杂度更高的医疗任务、减轻患者痛苦、提高患者生活能力与质量。需要重点突破智能感知监测、人机交互和混合协调控制等关键技术瓶颈。

（3）人智能发展测试平台。此平台聚焦于人智能发展过程不同阶段核心能力的检测和记录，以支持个性化的健康防治，特别是精神健康的防治，以及个性化医疗设备的研制和医疗服务的实现。需要重点突破人智能发展各个关键时期核心能力的检测设备、非药物治疗的辅助设备，以及多

维数据在线搜索和数据库等关键技术瓶颈。

（4）全生命周期虚拟人。构建涵盖婴幼儿、青年、成人和老年阶段的虚拟人模型对疾病诊断、虚拟医疗、手术仿真、新药测试等具有重要意义。需重点突破生理行为信息获取与表达、生理行为过程自然演进与自主生长等技术瓶颈。

（5）健康大数据分析与应用。健康大数据分析与应用技术可带来健康医疗模式的深刻变化，提升健康医疗服务效率和质量，助推精准医疗的发展。需要重点突破围绕健康数据的认知计算、深度学习、知识发现和智能决策技术。

（三）愿景目标

突破围绕人健康医疗需求的可穿戴设备、机器人、智能发展测试、全生命周期虚拟人模型和大数据分析等关键技术，实现信息技术与健康医疗技术的深度融合发展，建立基本完备的健康信息技术支撑体系，对个人健康管理精细化、一体化和便捷化以及国家医疗模式变革形成强大的信息技术支撑。

第七章
措施与政策建议

为推进和保障信息与电子工程科技重点任务的实施，应研究其所需要的政策、科研环境和保障条件，对比研究国内外信息与电子工程科技及其相关产业的发展政策和管理机制，提出推动和支持我国信息与电子工程科技发展的政策工具及管理措施。

一、加强领域总体规划，建立健全科研及项目管理机制

在强化政府在计划目标和任务中的宏观决策与管理职能的同时，完善专家管理机制，对主题项目和重大项目设立专家组，由专家组负责项目技术决策和组织设施，明确职责，实现权利与义务的统一。在太空、网络空间等军民共用的工程科技项目中建立军民融合的总体规划体系，加强集中统一领导、强化顶层设计、加强需求统合、统筹存量增量。规划和构建一批有影响力的国家实验室，形成体系化的科研队伍，推动重大科技任务实施。

二、加强产学研结合，探索重大科技任务推进的新模式

在实施面向长远发展的重大科技任务时，依托产学研密切结合的技术联盟，建立完整的技术创新链，包括关键技术开发与验证、技术标准研发、试验系统研制、技术试验与应用示范等。在实施面向市场需求的重大

科技任务时，应以企业为项目实施的主题，构建自主可控的产业链，包括器件、软件与单元产品、整机产品、系统产品等。

三、重视战略部署，加大对高技术产品和系统的投入

在涉及我国长远发展的重大战略技术任务研发方面，应加大中央财政的投入力度。应认真研究国际上新兴产业发展的客观规律，并根据我国的国情，坚持有所为、有所不为，在保证最低经费需求的前提下推进重大科技任务的实施。加强应用基础研究，推进关键共性技术的攻关和共享，加大前沿引领技术、现代工程技术、颠覆性技术产品和系统研究的投入，助力科技强国建设。

四、加强国际合作，努力提高信息技术领域软实力

信息技术领域是一个开放合作的研究领域，广泛的国际合作尤为重要。与处于领先地位的国家和地区展开广泛的科技合作，可在大幅度提高我国研究开发水平的同时，增进世界范围内对我国研究开发水平和科研人员的了解，并逐步加强我国科研开发对世界信息技术发展的影响力，以及在国际标准制定过程中的话语权。建议在自然科学基金设立专门重大工程科技研究计划，围绕信息领域工程科技的需求，设立专门的国际合作项目，与欧盟、美国、日本、韩国等组织和国家展开对口合作。

五、重视基础技术研发和人才培养，保持社会发展活力

面向长远发展，开展持续不断的基础技术研发，培养大批思维活跃、富于创新精神的科技人才，是保持社会发展活力的必要条件，也是提升国家科技竞争力的关键所在。信息技术领域的长远发展有待于基础技术的重大突破，在基础技术研究领域应引入长效评估机制，鼓励开展原创技术研发，营造容忍失败的科研环境；培养造就一大批具有国际水平的战略科技人才、科技领军人才、青年科技人才和高水平创新团队。

关键词索引